Stephan Schäfer-Mehdi

4. aktualisierte Auflage

EVENT-MARKETING

Kommunikationsstrategie,
Konzeption und Umsetzung,
Dramaturgie und Inszenierung

Cornelsen

Verlagsredaktion: Ralf Boden
Technische Umsetzung: TypeArt, Grevenbroich
Umschlag: Thomas Gnahm, Weimar
Titelfoto: © fotolia

4. Auflage, 3. Druck

Druck: mediaprint solutions GmbH, Paderborn

ISBN 978-3-06-450718-0

PEFC
PEFC/04-31-0810

PEFC zertifiziert
Dieses Produkt stammt aus nachhaltig bewirtschafteten Wäldern und kontrollierten Quellen.

www.pefc.de

Vorwort zur vierten Auflage

Seit zehn Jahren ist dieses Buch eine Konstante und bietet Orientierung in einer schnelllebigen Zeit. Die Grundprinzipien der Events bleiben erst einmal. Immer wieder gibt es neue Begriffe. Die meisten entpuppen sich als Luftblasen: Online-Events, Integrierte Kommunikation, Evaluierung ...

Die Branche wird „grün". Hotels und Locations, Dienstleister und Agenturen achten auf ihren CO_2-Fußabdruck. Das ist gut so, denn das ist eine Frage der Haltung. Wer damit Geld verdienen will, wird es nicht, zumindest nicht unmittelbar. Denn der beste Klimaschutz wäre kein Event, der immer mit klimakillenden Reisen und Transporten verbunden ist, dem Hauptanteil an CO_2 bei Events. Leider verschließen sich die meisten Kunden dem Thema in Deutschland.

Die Branche wird digital. Hybrid-Events ist ein Schlagwort unter vielen. Ob das mehr als ein Marketing-Gag ist, wird sich erweisen. Auf jeden Fall gibt es neue interessante Spielmöglichkeiten der Interaktion. Viel schwerwiegender ist die Frage, ob die Marketing-Kommunikation nach dem Sender-Empfänger-Prinzip funktionieren wird, oder ob durch die Partizipation der Konsument zum virtuellen Mitbesitzer wird. „Likes" und „Shitstorms" können gravierende Folgen haben. Die Diskussion hat begonnen ...

Möge das Buch weiter Orientierung in der Live-Kommunikation bieten. Über den Tag hinaus. Dafür ist es gemacht. Aber auch zum Nachdenken und manchmal auch Umdenken, dafür ist es schließlich gedacht.

Vielen Dank an meine Dauermuse, Kollegin und Ehefrau Alexandra Mehdi für die Reflexion. An Carlo und Luis, die immer die Sinnfrage „Warum?" stellen. Und vielen Dank an den Regisseur, und kreativen Journalisten Otmar Demharter, der bei der Überarbeitung unterstützt hat, und Ralf Boden als treuen und geduldigen Lektor.

Im Frühjahr 2012 *Stephan Schäfer-Mehdi*

Zum Autor

Als freiberuflicher Creative Director und Consultant für Live-Kommunikation betreut Stephan Schäfer-Mehdi Unternehmen und Agenturen wie VOK DAMS oder JOKE Event AG. Vorherige Stationen waren Chief Creative Officer von VOK DAMS, wo er die Kreation und Konzeption von Events und Inszenierungen für Kunden wie Bayer, BASF, Puma, Deutsche Bank oder Mercedes-Benz verantwortete, und Quasar Communications. Seine Projekte wurden und werden mit nationalen und internationalen Awards ausgezeichnet. Er ist Mitglied im Art Directors Club für Deutschland (ADC).

1972 hat er seine erste Veranstaltung geplant und umgesetzt. Seither war er für einige hundert Theaterproduktionen, Ausstellungen und Marketing-Events verantwortlich und arbeitete als Eventmanager mit Seele, Verstand und Physis für renommierte Agenturen und Kunden. Als Trainer und Referent konzipiert und betreut er Seminare. Seit 1996 auch für das Studieninstitut für Kommunikation. Als Fachjournalist und Autor ist er ebenfalls aktiv. Sein hier vorliegendes Buch Event-Marketing (erste Auflage 2002) hat sich inzwischen als Standardwerk etabliert.

Inhaltsverzeichnis

Teil I

Grundlagen und Definitionen

- In diesem Kapitel erfahren Sie, was das Wesen von Events ausmacht und für wen sie sinnvoll sind.
- Sie erhalten einen Begriff davon, was ein Marketing-Event ist und was nicht und lernen verschiedene Typen von Events sowie deren Vernetzung in einem Kommunikationszusammenhang kennen.
- Aller Aktionismus hilft nichts, wenn nicht vorher die Zielrichtung für einen Event klar ausgewiesen ist. Sie erfahren daher, wie man zur Unterstützung einer Geschäftsstrategie nachhaltige und überprüfbare Event-Ziele formuliert.

A Wer ist an Events beteiligt?

1 Vom Allerweltsevent zum Marketing-Event

Alle richten Events aus. Ob Unternehmen oder Parteien, Behörden oder Institutionen, ja sogar „ganz normale" Menschen machen Events. Der Begriff ist selbstverständlicher Teil des alltäglichen Wortschatzes. Es spielt keine Rolle, ob Sie „der Event" oder „das Event" sagen, da beide Varianten sprachlich korrekt sind.

Event heißt in seiner ursprünglichen Bedeutung nicht nur „Veranstaltung", sondern auch „Ereignis". Diese doppelte Bedeutung rechtfertigt es, den Anglizismus ohne schlechtes deutsches Sprachgewissen zu verwenden.

Der inflationäre Gebrauch des Wortes ist allerdings ein Problem. Alles scheint Event. Alles, was auch nur im Entferntesten den Anschein eines Ereignisses hat, wird damit etikettiert. Lassen Sie uns also hier schon den Begriff Event auf das Kommunikationsinstrument einschränken: auf den Bereich des Marketing-Events.

Ein Marketing-Event ist eine Veranstaltung, deren Zweck das Erreichen eines vorher definierten Marketingziels ist.

Und da Marketing Einzug in viele Gesellschaftsbereiche gehalten hat, beschränken sich diese Marketing-Events nicht mehr nur auf Unternehmen. Ministerien oder Behörden kommunizieren mit Events. Aufwändig inszenierte Wahlkampfevents gehören zum selbstverständlichen Instrumentarium der politischen Parteien. Und wenn sie gut gestaltet ist, kann eine solche Veranstaltung zum Ereignis werden.

Reflexion

Halten wir fest: Marketing-Events sind zweckorientierte Veranstaltungen und im besten Falle auch zweckorientierte Ereignisse.

Aber damit bleibt zumindest eine Frage noch unbeantwortet: Was ist denn dann Event-Marketing? Die Antwort ist ganz einfach:

Wenn Marketing-Events als Maßnahmen der Kommunikation strategisch eingesetzt werden, dann handelt es sich um Event-Marketing.

Wer ist die Zielgruppe von Marketing-Events? 2

Formulieren wir es genauer: Wer muss zu dem Event eingeladen werden, um den Zweck, also die Kommunikationsziele, zu erreichen?

Lange Zeit wurde der Begriff Event mit den Megashows gleichgesetzt, mit denen große Unternehmen ihre Produkte einführen. Die Mutter aller dieser Events ist nach wie vor die Automobilindustrie, die Tausende von Händlern oder Hunderte von Pressevertretern in die attraktivsten Veranstaltungsorte und Hotels weltweit zu ihren Premieren einlädt.

Diese Fokussierung verstellt den Blick auf das, was ein Event wirklich ist. Es kommt weder auf die Höhe eines Budgets, noch auf die Zahl der Teilnehmer und erst recht nicht auf die Unternehmensgröße des Veranstalters an, sondern lediglich auf das, was welcher Zielgruppe wie vermittelt werden soll.

Wer sind die Teilnehmer? 2.1

Ein Event verwandelt eine abstrakte Zielgruppe in ganz konkrete Teilnehmer. Große Ideen schreiben nicht automatisch gigantische Budgets vor. Kreativität kennt keine finanziellen Grenzen. Fantasie ist der wichtigste Rohstoff, der allerdings durch die Filter von Machbarkeit und Zweckmäßigkeit muss. Eine Veranstaltung mit einem Dutzend Business-to-Business-Kunden kann auch schon ein Event sein.

Es kommt nur darauf an, einen vorher definierten Zweck durch unmittelbare und emotionale Ansprache zu erfüllen. Sinn und Zweck jeder Eventgestaltung ist es, aus einer Veranstaltung ein erfreuliches Ereignis für die jeweilige Zielgruppe zu machen, das ihr im Gedächtnis bleibt.

Mögliche Zielgruppen

- Endverbraucher
- Business-to-Business-Kunden
- Journalisten
- Vertriebspartner wie z.B. Händler und Vertreter
- Mitarbeiter

Und deshalb ist die erste Frage für jeden, der ein Event plant: Wer ist die Zielgruppe?

Wenn das fünf Millionen Endkunden sind, dann macht es wenig Sinn, eine einzige Veranstaltung zu planen. Hier sind andere Mittel gefragt. Aber gibt es überhaupt solch große homogene Zielgruppen?

Hier hilft eine Zielgruppenanalyse. Ganz schnell stellt man fest, dass es neben den Verbrauchern vielleicht gerade mal 200 Einkäufer sind, die darüber entscheiden, ob die Produkte, um die es geht, in den Schaufenstern oder Regalen des Handels richtig platziert werden. Oder es hängt von der Motivation von 50 Pharmareferenten ab, dass bestimmte Produkte von den Ärzten verordnet werden. Und eigentlich sind es gerade mal 50 Journalisten, die, wenn sie denn in ihren Zeitungen, Magazinen und Sendungen über ein neues Angebot berichten, Millionen Menschen erreichen.

Reflexion

Festzuhalten ist: Eine wesentliche Kraft der Marketing-Events liegt darin, die Zielgruppe so exakt einzugrenzen, dass sie durch direkte Ansprache möglichst effektiv erreichbar wird. Für jedes Marketing-Event gilt: Mit einer klaren Botschaft, die spannend inszeniert ist, motiviert der Veranstalter die Menschen, etwas für ihn zu tun, indem er etwas für sie tut. Erfolgreiches Event-Marketing macht aus passiven Besuchern aktive Teilnehmer, die dann die betreffenden Produkte oder Dienstleistungen erfolgreicher verkaufen oder zumindest beim Verkauf helfen. Natürlich reicht dazu kein einsamer Event einer Marketingkommunikation, doch gilt es zu bedenken, was aus einem Schneeball werden kann.

Zu bedenken ist aber auch, dass die Homogenität einer Zielgruppe immer relativ ist, ob man es nun mit Autoverkäufern, Versicherungsvertretern oder Journalisten zu tun hat. Und je globaler unsere Welt wird, umso schwieriger ist es, die Menschen mit einer einheitlichen Botschaft zu erreichen.

Charakteristika von Zielgruppen

- Alter
- Geschlecht
- Funktion
- Beruf
- Ausbildung
- Religion
- Bildungsstand
- Interessen
- Bedürfnisse
- Nationalität
- Kulturzugehörigkeit

Und noch eine Frage ist hier zu stellen: Gibt es die klassischen Zielgruppen tatsächlich noch? Politik und Kirchen wissen ein Lied davon zu singen, dass die groben Einteilungen nicht mehr greifen. „Der Arbeiter“ oder „der Unternehmer“ sind heute nur noch Schlagworte aus einer früheren, überschaubareren Welt.

Neuere Ansätze sprechen hier von „Milieus“, die durch das Verhalten von Menschen, ihre Interessen und Bedürfnisse definiert sind. Es kommt dabei aber schnell mehr als ein Dutzend dieser Milieus zusammen: Vom genuss- und augenblicksorientierten Hedonisten über den umweltbewussten „Öko“ bis hin zum preisbewussten „Smart Buyer“, der zwar Porsche fährt und Vivaldi lauscht, seinen kalifornischen Wein aber bei Aldi kauft. Und das alles kann in einer einzigen Person vereint sein! Die Fragen, „Wie sich wer wann verhält" und „Welches Programm für wen interessant ist", sind also keineswegs mehr einfach und eindeutig zu beantworten.

Über diese abstrakten Typisierungen und Marketingaspekte sollte man die handfesten, manchmal banalen Aspekte jedoch nicht vergessen. Denn die Menschen, die zu einem Event kommen, haben ganz bestimmte Urbedürfnisse. Dazu gehört neben dem Essen und Trinken beispielsweise auch die Überlegung, wie ein Teilnehmer anreist. Leidet er unter Jetlag und Übermüdung, ist es für Ihre Botschaft fast unmöglich, seinen Verstand und seine Seele zu erreichen.

2.2 Was soll bei den Teilnehmern eines Events erreicht werden?

Gehen wir davon aus, dass die Zielgruppe klar definiert ist. Dann ist die nächste wichtige Frage an den Eventgestalter: Was will er mit einem Event bei seiner Zielgruppe überhaupt erreichen?

Will der Event

- über eine Neuheit informieren (Information),
- auf eine Situation einstimmen (Emotion),
- für neue Aufgaben und Herausforderungen motivieren (Motivation) oder
- eine Handlung hervorrufen (Aktivierung)?

Das wären schon die vier klassischen Kommunikationsaufgaben eines Events, die in der Praxis nicht einzeln dosiert werden, sondern gerade in der Kombination hochwirksam sind.

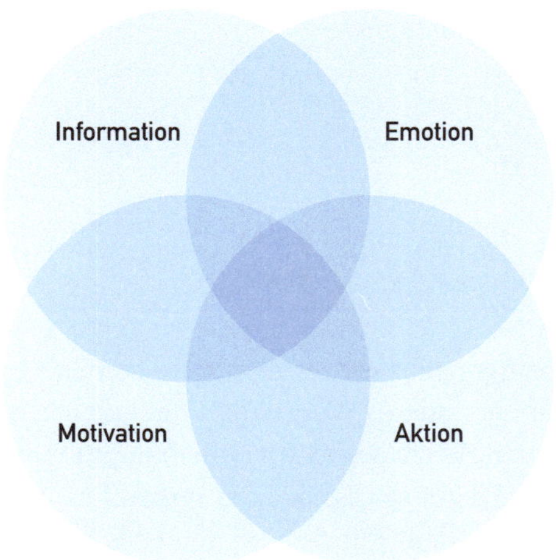

Die vier klassischen Kommunikationsaufgaben eines Events miteinander kombinieren

Händler werden zum Beispiel medial über ein neues Produkt informiert, durch die packende Live-Inszenierung für dessen Besonderheit begeistert und so gezielt motiviert, die Produkte anschließend aktiv im Markt zu verkaufen.

Reine Information spricht nur den Verstand an. Pure Emotion alleine kann die Teilnehmer zwar fesseln, zeigt aber keine direkte Wirkung und lässt den Event zur bedeutungslosen Party werden. Ohne Aktivierung erreicht man niemals ein Event-Ziel. Und ohne Motivation halten die Teilnehmer nicht durch.

Es ist also wichtig, bei den potenziellen Teilnehmern alle vier Kriterien zu hinterfragen. Zur Einschätzung des Ist-Zustandes und zur Festlegung des zu erreichenden Solls benutzt man die folgenden Skalen.

Welche Informationen sollen vermittelt werden?

Man soll kein Publikum unterfordern. Aber überfordern sollte man es auch nicht. Zu viele und zu lange Informationen sind tödlich für jeden Event.

- Welche Kenntnisse hat die Zielgruppe schon?
- Welche müssen ihr noch vermittelt werden?

Informationsskala

Welcher Stil ist dabei angemessen?

- über Menschen?
- über Medien?
- über Menschen und Medien?

Welcher Stil ist dabei sachlich angemessen?

- authentisch?
- autoritär?
- solidarisch?
- verspielt?

Welche Emotionen sollen geweckt werden?

Ich emotionalisiere, du emotionalisierst, er emotionalisiert, sie emotionalisiert, wir sind emotionalisiert ... Kaum ein anderes Wort wird so inflationär im Zusammenhang mit Marketing-Events gebraucht. Wozu brauche ich überhaupt Emotionen?

Trotzdem ist etwas dran, denn mit Emotionen verkauft man wesentlich besser. Dabei muss man aber nicht gleich jedem Kunden um den Hals fallen. Emotionen wirken länger und tiefer als reine Sachinformationen. Nichts wirkt tiefer als das Verankern von Botschaften durch das Erlebnis eines Marketing-Events.

Dabei ist zunächst die Stimmung der Zielgruppe zu prüfen.

- Welche Emotionen sind positiv?
- Welche Emotionen sind negativ?

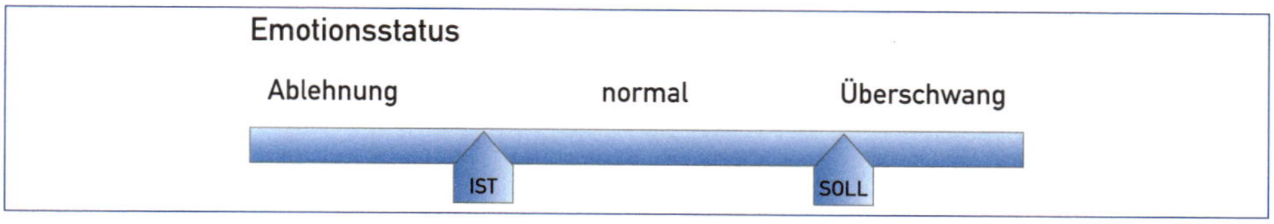

Emotionsskala

Welche Motivation soll erreicht werden?

Selbst hoch bezahlte Motivationsgurus schaffen keine Wunder. Also hinterfragt man besser den Grad der Motivation jedweder Zielgruppe realistisch. Wie ist der Stand der Motivation?

- Welche Motivation ist erwünscht?
- Wie ist das zu schaffen?

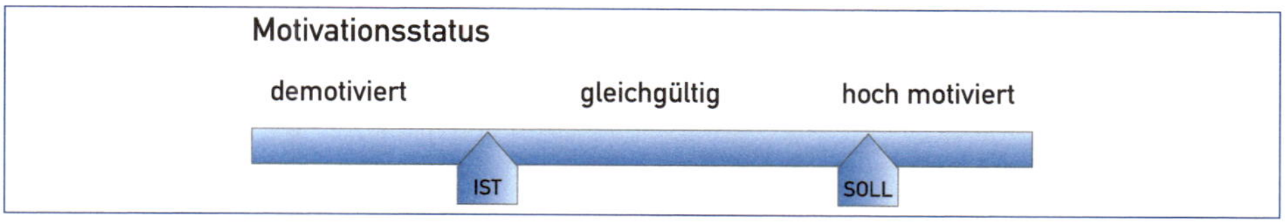

Motivationsskala

Für oberflächliche und kurzfristige Begeisterung gibt es bewährte Inszenierungsmittel. Ein gutes Catering, eine aufwändige Show und ein paar Effekte. Doch eine nachhaltige Motivierung erreicht man nur, wenn man sich ehrlich mit seiner Zielgruppe auseinandersetzt.

„Wir kennen unsere Pappenheimer." Dieser Spruch aus Vorstand, Vertrieb oder Marketingabteilung sollte jeden Eventgestalter misstrauisch machen. Es lohnt sich deshalb, im Vorfeld der Konzeption Interviews mit Mitarbeitern oder Händlern zu führen, besonders wenn es um brisante Themen oder Situationen geht. Und auch den Betriebsrat sollte man mal fragen.

Beispiel

Nehmen wir als Beispiel die Fusion zweier Unternehmen. Zweimal 2.500 Mitarbeiter, die früher Konkurrenten waren, sollen sich in der Fusionsphase kennen lernen und für das neue Unternehmen begeistert werden. Doch wenn schon bekannt ist, dass 1.000 von ihnen entlassen werden, ist eine fröhliche Feier mindestens riskant und sicherlich unangebracht. Auch ein Händler-Event, bei dem die Hälfte der Anwesenden schon ahnt oder weiß, dass ihre Verträge gekündigt werden, geht leicht nach hinten los. Da kann die Inszenierung noch so aufwändig sein. In solchen Situationen darf man sich nichts vormachen und muss Mut zur Glaubwürdigkeit haben. Hier gilt es, Bündnispartner zu suchen und diese auch in das Programm mit einzubeziehen.

Welche Hemmnisse gibt es?
- Abbau von Arbeitsplätzen
- Ausdünnung des Händlernetzes
- Erhöhung des Leistungsdrucks
- Lieferverzug von Produkten

Welche Förderfaktoren gibt es?
- Topumsatzzahlen
- Prämien- oder Incentivesystem
- Superprodukt, das einem die Kunden buchstäblich aus den Händen reißen

Wer schafft die Motivierung?
- Motivationstrainer
- Motivationsgurus
- Unternehmensleitung
- Vorgesetzte
- Testimonials/Prominente
- Neutrale wie Unternehmensberater, Journalisten
- Kollegen/Repräsentanten der Zielgruppe

Welche Aktion soll erfolgen?

Nun ist bekannt, wie die Zielgruppe – konkreter: die Teilnehmer – informiert, eingestimmt und motiviert werden. Jetzt ist es Zeit, über die Aktion nachzudenken. Aber nicht die während des Events selbst, sondern die danach. Denn schließlich sollen die Menschen, die vom Veranstalter verwöhnt worden sind, anschließend auch etwas für ihn tun. Die Mitarbeiter sollen bessere Qualität herstellen, die Händler mehr verkaufen und die Journalisten freundlicher berichten.

Hier müssen die Ziele ganz genau definiert sein, denn nur wenn diese bekannt sind, ist es auch möglich, sie zu erreichen.
- Wie viel weniger Ausschuss oder Mängelexemplare?
- Wie viel weniger Beschwerden?
- Wie viel mehr verkaufte Produkte?
- Welche Medienresonanz?

Ein Event sollte nicht alleine und isoliert daherkommen. Deshalb sind begleitende und vernetzte Maßnahmen wichtig: Beispielsweise das Trainieren der Mitarbeiter, die Unterstützung der Verkäufer durch Verkaufsförderungsmittel und Werbung oder die Pflege der Medienkontakte.

Reflexion

Ein Event ist kein Wunderheilmittel. Eine apathische Mitarbeiterschaft, die eine schlechte Informationspolitik, Entlassungen und heftige Umsatzrückgänge erlebt hat, ist bereits versteinert. Eine realistische Auseinandersetzung mit der jeweiligen Zielgruppe ist daher unbedingt notwendig.

Die Mitarbeiter eines Unternehmens sind keine einfache Zielgruppe, denn sie kennen die Probleme des Unternehmens als Insider ganz genau. Gerade in kritischen Phasen oder bei heiklen Fragestellungen sollte die Belegschaft als Testimonial mit einbezogen sein. Bei Mitarbeiter-Events ist man ohnehin auf die Kooperation oder Zustimmung des Betriebs- oder Personalrates angewiesen.

Was wollen Sie erreichen?

- Interesse wecken
- Erinnerung verankern
- Handlung auslösen

Wie ist der Stand der Aktionsbereitschaft Ihrer Zielgruppe?

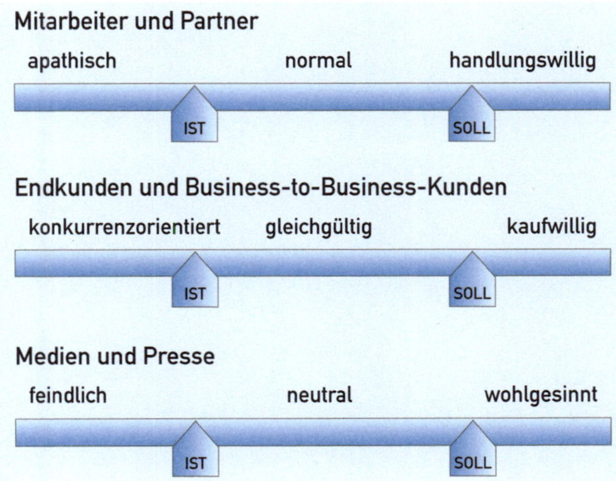

Aktionsskala

Wer erwartet was und was ist die Zielgruppe gewöhnt? 2.3

Erwartungen können fürchterlich sein. Manchmal sind sie viel zu hoch gesteckt oder auch zu niedrig gehängt. Wichtig ist die Dramaturgie. Wenn die Teilnehmererwartung prompt erfüllt wird, so gibt es danach keine Gelegenheit für eine positive Überraschung mehr. Also ermittelt man die Erwartung der Teilnehmer und spielt damit, um einen Aha-Effekt zu erzielen. Ein positives „Das hätte ich nicht gedacht!" hört man gerne.

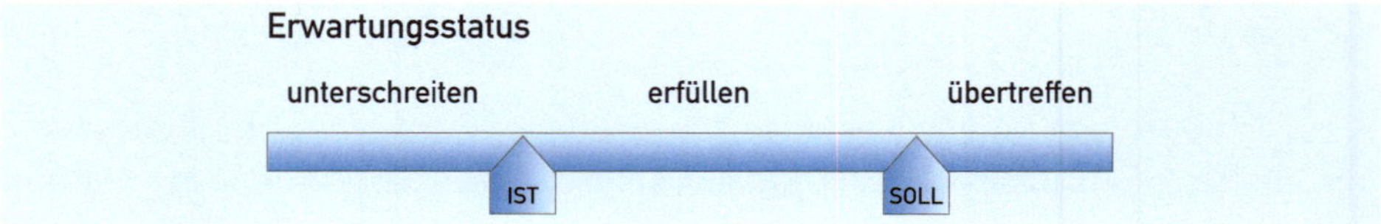

Erwartungsskala

Warum nicht Topführungskräfte einmal in eine Jugendherberge stecken und sie das Programm selbst gestalten und auch selbst kochen lassen. Was sich so simpel liest, kann das richtige Rezept sein, wenn eine gute Idee dahintersteckt und diese dann perfekt umgesetzt wird.

Was sind Events? B

Von singulären Marketingaktionen zur vernetzten Kommunikation 1

Marketing-Events sind keine Erfindung der letzten Jahre. Erfahrene Kongressmanager und alte Tagungshasen urteilen zu Recht, dass sie immer schon Events gemacht, aber nie so genannt haben. Und im alten Rom waren z.B. die Spiele im Circus Maximus eine frühe Form der Politevents und die Aufmärsche der Nazis eine spätere. Bleiben wir aber in der Gegenwart. Nehmen Sie den Begriff Event für das, was er heute ist: Ein Fachwort. Die Definition als „Ereignis" und „Veranstaltung" haben Sie ja bereits erfahren.

Neu ist der Stellenwert der Events im Marketing. Die Unterscheidung von Werbung, PR, Verkaufsförderung und persönlichem Verkauf als „Above the line" und Marketing-Event, Direktmarketing, New Media und Messen als „Below the line" wird zwar noch verwendet. Doch heute ist sie überholt, denn Events sind gleichberechtigte Kommunikationsinstrumente. Am besten erkennt man diese „diplomatische Anerkennung" und Aufwertung bei den großen Werbeagenturen und Networks, die eigene Eventagenturen gegründet oder eingekauft haben.

Kommunikationsmix

- Werbung (Print, TV, Kino)
- Public Relations/ Öffentlichkeitsarbeit
- Verkaufsförderung
- Persönlicher Verkauf
- Sonderformen
- Event-Marketing
- Social Media
- Direktmarketing
- Messe

Das vor Ihnen liegende Kapitel erhebt keinen Anspruch auf Vollständigkeit. Die vorgenommene Kategorisierung soll Ihnen vielmehr als knapper und praxisnaher Leitfaden erkennen helfen, wie Ziele durch den „passenden" Event zu erreichen sind. Nutzen Sie das hier gegebene Informationsangebot also wie einen „Werkzeugkasten".

Was sind Marketing-Events? 2

Marketing-Events sind ein Instrument im Kommunikationsmix. Sie finden nicht zufällig statt, sondern haben einen Anlass. Eine Botschaft, die sich auf das Unternehmen, die

Marke oder ein Produkt beziehen kann, wird durch eine live stattfindende Inszenierung vermittelt. Die Mittel sind eine Kombination aus Sprache und Text, Tanz und Musik, Klang und Licht, Medien und Dekoration. Aber auch Düfte und – beim Catering – der Geschmack können eine große Rolle spielen. Beim Event können Sie also alle Sinne ansprechen und so eine viel intensivere Wirkung erzielen, als es der rein visuelle Reiz der klassischen Werbung ermöglicht.

Wie kein anderes Kommunikationsmittel können Events Emotionen erzeugen.

Das betrifft nicht nur die Intensität, sondern auch die Dauer. Wann sind Ihnen beim Anschauen einer Anzeige das letzte Mal Schauer den Rücken heruntergelaufen oder wie oft stockte Ihnen beim Anschauen eines Werbespots der Atem?

Reflexion

Um eines gleich vorweg zu sagen: Es müssen nicht immer teure und bombastische Effekte sein. Die gibt es auch im Zirkus oder auf dem Rummelplatz. Eine Kerze auf einer sonst dunklen Bühne und ein guter Schauspieler erzeugen ebenso Spannung und Emotion wie Tonnen an raffiniert eingesetzter Veranstaltungstechnik. Aber nur wer die Kunst der Dramaturgie und Inszenierung beherrscht, kann einen Kick auch mit kleinstem Aufwand erzeugen. Neben der Kraft der Emotion gibt es allerdings noch eine weitere Dimension der Events. Sie ermöglichen den echten Dialog und die unmittelbare Interaktion mit Ihrer Zielgruppe.

Marketing-Events sind geplante und organisierte Veranstaltungen, deren Zweck auch das Auslösen eines gesteuerten Aktivierungsprozesses ist. Physische oder emotionale Reize werden erzeugt, die im Ziel des Events begründet sind. Das sind Dinge wie Imagebildung, Profilbildung, Motivierung, Kaufreiz oder Verkaufsunterstützung.

Das Instrument „Event" verfügt dabei, wie die anderen Kommunikationsinstrumente auch, über ein breit gefächertes Arsenal an möglichen Mitteln.

Kommunikationsinstrumente und ihre Mittel

- Event-Marketing
- Werbung
- Public Relations

- Gala, Show, Public Event etc.
- TV-Spot, Anzeige, Plakat
- Pressetext, Geschäftsbericht, Hausmitteilung

Allen Marketing-Events gemeinsam sind Konstanten wie die jeweilige Zielgruppe, das Event-Objekt und die szenische Form der Inszenierung.

Konstanten des Event-Marketing

Event-Zielgruppe	■ Abnehmer ■ Partner ■ Mitarbeiter ■ Öffentlichkeit
Event-Objekt	■ Produkt/Leistung ■ Marke ■ Unternehmen
Event-Form	■ Gala ■ Produktpräsentation ■ Kick-off-Meeting ■ Jubiläum ■ Public Event ■ Roadshow
Event-Inszenierung	■ Schauspiel ■ Tanz ■ Moderation ■ Show-Acts ■ Ton ■ Licht ■ Medien ■ Dekoration ■ Architektur/Location ■ Catering ■ Düfte
Event-Dramaturgie	■ Zeit und Rhythmus ■ Handlung ■ Entwicklung ■ Figuren und Motive

Es gibt inzwischen zahlreiche Definitionen von Marketing-Events. Das Forum Marketing-Eventagenturen unterscheidet dabei Public Events, Corporate Events und Exhibition Events.

- Public Events: Zielgruppe sind die Endverbraucher und die Öffentlichkeit
- Corporate Events: Business-to-Business
- Exhibition Events: Veranstaltungen und Programme auf Messen und im Messeumfeld

Diese auf den ersten Blick einfache Einteilung zeigt zwar sehr gut die unterschiedlichen Geschäftsfelder der Agenturen, verdeutlicht aber nicht die Aufgaben und den Nutzen von Events für die Auftraggeber. Deshalb erfahren Sie im nächsten Abschnitt mehr über die unterschiedlichsten Ausprägungen und Einsatzmöglichkeiten von Events.

3 Welche Events gibt es eigentlich?

Jeder Marketing-Event ist anders und immer wieder neu. Deshalb gibt es unendlich viele Events, die aber dann doch immer zwei Dinge gemeinsam haben: einen Anlass und ein Ziel.

Der Anlass ist oft sehr direkter Natur, fast zwangsläufig, wie ein Firmenjubiläum, das gewissermaßen wie ein „unabwendbares Naturereignis“ auf ein Unternehmen zukommt. Er kann aber auch indirekt sein und künstlich geschaffen werden. Zum Beispiel im Rahmen einer Marketingkonzeption, in der festgelegt wurde, dass ein Event zum Auftakt oder „Kick-off“ der Kampagne das geeignete Kommunikationsmittel ist.

3.1 Was sind anlassbezogene Events?

Typische Events, die durch einen ganz konkreten Anlass angestoßen werden, sind:

- Jubiläum und Jahrestag
- Eröffnung, Neueröffnung, Wiedereröffnung
- Empfang
- Jahreshauptversammlung
- Messe-Event/Exhibition-Event
- Kick-off (Anstoß, Kampagnen-Auftaktveranstaltung)

3.2 Zu welchen Zwecken können zielbestimmte Events eingesetzt werden?

Ein Marketing-Event muss eine vorher definierte Aufgabe erfüllen. Darin unterscheidet er sich vom Kultur-Event, dessen Stattfinden sich aus sich selbst ergibt: l'art pour l'art! In den folgenden Abschnitten finden Sie typische Ziele und die für deren Umsetzung einsetzbaren Events. In der Praxis wollen die Veranstalter aber oft mehr als ein Kommunikationsziel erreichen. Kombinationen sind also üblich und oft auch sinnvoll. Aber viel hilft nicht notwendig auch viel. Wenn man zu viele Ziele auf einmal erreichen will, schafft man vielleicht kein einziges und der Erfolg bleibt auf der Strecke. Als Gestalter von Events sind Sie mit ganz unterschiedlichen Aufgabenstellungen konfrontiert:

Bewusstseinsbildung 3.2.1

Der Bewusstseinsbildung dienen

- Aufklärungsveranstaltungen und
- Veranstaltungen zum Kampagnenbeginn.

Marketing-Events sind nicht nur die großen Shows und Galas, bei denen der Effekt im Vordergrund und die Ziele im Hintergrund stehen.

Es geht zum Beispiel um Bewusstseinsveränderung. Das liest sich erst einmal wie Weltverbesserung oder Manipulation. Aber es werden eben auch in Unternehmen immer wieder Ziele ausgewiesen, deren Umsetzung bei den Adressaten ein Nach- oder ein Umdenken erforderlich macht. Zum Beispiel, wenn die Mitarbeiter eines Verkehrsverbundes für das Thema Sauberkeit in Bussen und Bahnen sensibilisiert werden sollen.

Oder wenn etwa ein mittelständischer Automobilzulieferer zur Einführung eines neuen Produktes die Mitarbeiter auf das Thema Qualität einschwören will. Die entsprechende Kampagne kann dann ein Event eröffnen, durch das die Mitarbeiter dazu motiviert werden sollen, die Anzahl der Reklamationen und Rückläufer aus der Produktion zu minimieren. Die im Zuge der Beförderung eines solchen Anliegens immer bestehende Gefahr von Demotivation durch zu viel Druck und erhobenem Zeigefinger lässt sich mit den Ausdrucksmitteln von Theater oder Kabarett auf elegante Weise vermeiden. Gleichzeitig wird damit auch ein Wir-Gefühl unter den teilnehmenden Mitarbeitern hergestellt.

Emotionalisierung und Aktivierung 3.2.2

Um diese Ziele zu erreichen, können folgende Events eingesetzt werden:

- Get-together-Event,
- Motivationsveranstaltung,
- Incentive-Event (Schaffung eines Anreizes oder einer Belohnung durch eine außergewöhnliche Veranstaltung. Ziel ist mehr Aktivität der Teilnehmer für das Unternehmen).
- Generell emotionalisieren alle Events durch ihren Ereignischarakter. Dies kann das explizite Ziel eines Auftraggebers sein, um Stimmung zu erzeugen und hierdurch Handlungen auszulösen.

Ein Get-together-Event soll Menschen, die sich wenig oder kaum kennen, zusammenbringen, Kommunikation ermöglichen und Vertrautheit oder Geborgenheit schaffen. Wichtig ist es, dazu auch Gelegenheit zu geben, indem die Lautstärke nicht zu hoch ist und das Programm nicht zu viel Ablenkung verursacht. Denn im Vordergrund stehen die Teilnehmer. Gerade bei Messen oder Kongressen ist das Get-together eine geeignete Event-Form, um die Konvention eines steifen Business-Rahmens zu sprengen.

Motivationsveranstaltungen sind seit einigen Jahren in Mode. Sie kennen sicherlich die Public Events, zu denen die Teilnehmer in die großen Hallen pilgern und für das Eintrittsgeld mehr oder weniger tief in die Tasche greifen, um sich von prominenten Motivationstrainern oder -gurus aufpeitschen zu lassen, gemeinsam „Tschaka" zu rufen, über Feuer zu laufen oder sich Vogelspinnen auszusetzen. Man kann sich lange über Sinn und Wirkung solcher Veranstaltungen streiten. Aber offensichtlich gibt es angesichts des tausend- und zehntausendfachen Zulaufes ein großes Bedürfnis danach. Unternehmen nutzen diese Art von Events schon seit vielen Jahren. Und sie bedienen sich auch derselben Trainer und Gurus.

Ob es legitim oder moralisch vertretbar ist, solche Veranstaltungen zu planen, die an die Erweckungsrituale von Sekten erinnern und oft einen bösen Nachgeschmack der Manipulation hinterlassen, ist einzig Entscheidung des Auftraggebers. Ohne Motivation ist der Mensch jedenfalls nicht leistungsfähig.

3.2.3 Information und Kommunikation

Informationen lassen sich vermitteln über

- Kongress,
- Forum,
- Kundgebung,
- Symposium (wissenschaftlich),
- Tagung und
- Workshop.

Informationsvermittlung ist ein klassisches Ziel von Veranstaltungen. Doch der Mensch ist nur begrenzt aufnahmefähig. Erinnern Sie sich an Ihr Studium oder die Schule? Die Vorlesungen oder der Unterricht waren dann nachhaltig wirksam, wenn sie auch einen unterhaltenden Charakter hatten. Infotainment ist nichts anderes und wurde von den Fernsehformaten erfolgreich auf Veranstaltungen übertragen. Aus trockenen Kongressen wurden Events.

Für alle Events, die viele Informationen und Inhalte vermitteln müssen, gilt, kein Einzelbeitrag sollte zu lang sein. Reden sollten 30 Minuten keinesfalls überschreiten. Unterstützen Sie Wortbeiträge durch Medieneinsatz. Sorgen Sie für unterhaltende, witzige oder spannende Überleitungen. Ob ein Moderator, Akteure oder Medien dafür sorgen, ist zweitrangig. Mischen Sie Ihr Publikum durch Aktivitäten auf und machen Sie es wach für neue Eindrücke. Sie können über elektronische Abstimmungssysteme große Teilnehmerzahlen einbeziehen. Aber auch einfache und billige Mittel, wie rote und grüne Karten, die zum Votum in die Höhe gehalten und gezählt werden, sind ein brauchbares Abstimmungsinstrument. Lassen Sie Diskussionen zu. Eine lockere Talkrunde ermöglicht die Vermittlung von Fakten mindestens ebenso gut wie ein trockenes Statement vom Rednerpult.

Aber mischen Sie die Teilnehmer nicht nur geistig oder emotional auf, sondern auch physisch. Einfache Lockerungsübungen, die auch in engen Sitzreihen möglich sind, machen die Teilnehmer wieder aufnahmebereit. Wenn das gut inszeniert ist, dann können Sie sicher sein, dass die meisten Teilnehmer gerne mitmachen. Und wenn es einige wenige albern finden, so ist das auch nicht schlimm.

Denn von einer Illusion sollten Sie sich auf jeden Fall verabschieden:

Sie können es nicht jedem Teilnehmer hundertfünfzigprozentig recht machen, egal wie klein oder groß die Gruppe ist.

Lassen Sie Ihren Teilnehmern Luft zum Atmen. Ein vollgestopfter Tagungsraum mit niedriger Deckenhöhe, ohne Tageslicht und Sauerstoff ist tödlich für Ihren Event. Für jeden Teilnehmer sollten Sie mindestens mit einem Quadratmeter Fläche rechnen.

Gerade bei informationslastigen Veranstaltungen ist das Licht sehr wichtig. Wegen der Medienprojektionen müssen Sie den Raum oder Saal abdunkeln. Ist es zu dunkel, dämmern Ihre Teilnehmer vor sich hin und schlafen ein. Sorgen Sie deshalb immer für ein ausreichendes Grundlicht, das bei Projektionen abgedunkelt wird, aber bei Redebeiträgen so hell ist, dass der Sprecher sein Publikum noch gut erkennen kann. Veranstaltungslicht ist fast immer, auch ohne Farbfilter, Kunstlicht, das negativ auf die Seele wirkt. Benutzen Sie einen simplen und preiswerten Trick. Nehmen Sie normale Scheinwerfer mit Tageslichtfilterfolien. So erzeugen Sie ein angenehmes Grundlicht, dessen Farbtemperatur der des Sonnenlichts entspricht.

Produktkommunikation 3.2.4

Nachhaltig Informationen und Eindrücke zu Produkten vermitteln

- Produktpräsentation,
- Promotion-Event oder Promotiontour,
- Event am „Point of Sale“,
- Ausstellung und
- Messe-Event.

Industrielle Produkte sind meistens so konkret, dass sie sich in der Regel leicht inszenieren lassen. Erst wenn sie winzig klein oder riesig groß sind, wird es schwierig, sie unmittelbar zu präsentieren. Bei Dienstleistungen ist es da schon komplizierter.

Bei der Produktpräsentation lassen sich die unterschiedlichsten szenischen Mittel einsetzen. Ob Tänzer Produktvorteile darstellen, diese in einem Song expressis verbis besungen oder durch eine mediale Installation indirekt vermittelt werden, das ist Geschmackssache. „Getanzte Produktvorteile“ sind im Augenblick „out“. Mediale Inszenierungen sind „in“.

Wichtiger ist die Frage: Welches szenische Mittel passt zu Produkt oder Dienstleistung, zur Marke, zum Unternehmen?

Aber auch auf die Zielgruppe kommt es an. Wen wollen Sie erreichen? Multiplikatoren, wie Presse und Medien? Oder Händler und Distributoren? Oder den Endkunden, also Business-to-Consumer (B2C).

Oftmals empfiehlt es sich, zum Kunden zu gehen, sei es im Rahmen einer Roadshow, die an zentralen Orten Halt macht, oder tatsächlich am eigentlichen Point of sale. Alles ist möglich, aber nicht immer unbedingt sinnvoll. Ob es das ist, hängt von der ganz speziellen Strategie ab, auf die sich Auftraggeber und Eventgestalter geeinigt haben.

Will man den Produkten Zeit geben, um nachhaltig wirken zu können, ist eine Ausstellung sinnvoll. Oft wird eine spektakuläre Inszenierung mit einer Ausstellung gekoppelt, um eine ausführliche Begegnung mit dem Produkt oder der Dienstleistung zu ermöglichen und die entsprechende Erfahrung zu vermitteln.

Und selbstverständlich sind Messen die klassische Gelegenheit, Produkte zu präsentieren. Dabei sind Messen das Paradebeispiel für integrierte Kommunikation, denn viele Messeaussteller legen nicht nur Wert auf einen interessanten und auffälligen Messestand, sondern auch auf eine Live-Inszenierung. Die Moden wechseln auch hier von Live-Entertainment zu Medieninszenierung. Letztlich kommt es aber darauf an, ob die geplanten Maßnahmen zu den gewünschten Kommunikationszielen passen.

3.2.5 Unternehmenskommunikation

Unternehmen lassen sich vorstellen durch

- Tage der offenen Tür,
- Unternehmenspräsentationen,
- Jahreshauptversammlungen und
- Messe-Events.

Die herkömmlichste Art, in der sich ein Unternehmen präsentiert, ist der „Tag der offenen Tür". Ob sich aber mit Hüpfburg und Würstchengrill, Showband und Kinderschminkaktion noch Wirkung erzielen lässt, können Sie getrost bezweifeln. Es sei denn, man möchte einfach nur eine gute Nachbarschaft pflegen.

Beim „Tag der offenen Tür" ist die Zielgruppe sehr diffus. Mitarbeiter, Öffentlichkeit, lokale Presse, alle sind geladen. Wenn es für jeden etwas gibt, ist dieses „Etwas" so beliebig, dass es kaum kommunikative Wirkung erzielt.

Vielleicht macht es mehr Sinn, Kunden einmal gezielt zu sich einzuladen, sodass diese sich ein besseres Bild vom Unternehmen machen können und umgekehrt auch das Unternehmen ein besseres Bild von seinen Kunden!

In der Ära des Shareholder-Value ist nicht nur die „Performance" eines Unternehmens wichtig, sondern auch das Image. Die Seifenblase der vielen E-Business-Start-ups Anfang des Jahrtausends hat gezeigt, wie wirksam dies zumindest kurzfristig sein kann. Daher haben Elemente der Inszenierung längst auf den Jahreshauptversammlungen der Aktiengesellschaften Einzug gehalten. Ein weites und kompliziertes Feld, denn anders als bei „normalen" Events gibt es hier sehr viele Vorschriften aus dem Aktiengesetz zu beachten. Dazu gehört auch die akustische Übertragung vom Hauptgeschehen bis in den letzten Winkel des Gebäudes, also auch auf die Toilette! Oft müssen mehrere Locations mit unterschiedlichen Kapazitäten in Reserve sein, da die Teilnehmerzahl schwer im

Voraus zu kalkulieren ist. Oder bei Unternehmen, die von Teilen der Öffentlichkeit äußerst kritisch betrachtet werden, wie in der Chemie- oder Energiebranche, wird aus Sicherheitsgründen oft eine geheime Ausweichlocation bereitgehalten, um Demonstrationen, Blockaden und Störungen kurzfristig umgehen zu können. Von einer Jahreshauptversammlung hängt eben heutzutage einfach zu viel ab, als dass man deren Verlauf dem Zufall überlassen könnte.

Imagebildung 3.2.6

Events bieten die Möglichkeit, ein Unternehmensimage

- zu profilieren,
- zu pflegen,
- zu verbessern oder
- hervorzuheben.

Mit Events können Sie neue Images aufbauen und bestehende Images aufpolieren, pflegen, verbessern oder betonen. Der Event und seine Inszenierung sollten kommunikativ passend zum Imageziel sein. Eine konventionelle Form für ein „hippes" Unternehmen – oder umgekehrt – mag zwar ein interessanter dramaturgischer Gegensatz sein, führt aber garantiert zu Irritationen.

Will man aber mit einem bestehenden Image, mit Erwartungshaltungen und deren Verletzungen spielen, dann sollte man das bewusst und gekonnt tun. Und Auftraggeber wie Agentur sollten den möglichen Nutzen oder Schaden sehr genau abwägen.

Ansprache von Multiplikatoren 3.2.7

Nicht immer kann man seine komplette Zielgruppe mit einem einzigen Event erreichen, vor allem dann, wenn sie einfach zahlenmäßig zu groß ist. Hier bietet es sich an, „stellvertretend" Multiplikatoren einzuladen, damit sie die gewünschte Botschaft weiterverbreiten. Dazu dienen

- Presse-Events,
- PR-Events,
- VIP-Events,
- Händlermeetings.

Presse- und Medien-Events sind eine gute Möglichkeit, Resonanz nach dem Schneeballprinzip zu schaffen. Allerdings sind Journalisten recht schwer steuerbar und oft sogar sehr kritisch eingestellt. Um also eine positive Berichterstattung zu erreichen, ist eine minutiöse Vorbereitung erforderlich. Versorgen Sie die Medienvertreter mit den Informationen, die noch mehr als bei anderen Zielgruppen in deren Köpfe und Seelen gelangen müssen. Platte Manipulation erkennen Journalisten sofort. Selbst wenn sie beim Event freundlich zu Ihnen sind, heißt das noch lange nicht, dass auch der entsprechende Artikel oder Sendebeitrag positiv ausfällt. Sorgen Sie also auf jeden Fall schon im Vorfeld des Events für eine professionelle Betreuung. Meine eigene Erfahrung als Pressesprecher und Journalist ist folgende: Ein fairer Umgang mit den Journalisten ist immer noch der beste Garant für eine faire Presse.

PR-Events sind nicht identisch mit Presse-Events. PR-Events dienen primär der Kontaktpflege, weniger der unmittelbaren Vermittlung einer Botschaft. Hier kommt es wie beim VIP-Event auf die richtige Gästeliste an. Und damit ist noch nicht garantiert, dass die richtigen Gäste auch wirklich erscheinen. Selbst für spezialisierte Agenturen ist es nicht leicht, prominente Zeitgenossen mit vollen Terminkalendern und engen Drehplänen tatsächlich an den Bankettisch zu bekommen.

Denken Sie daran, Händler sind weitere wichtige Multiplikatoren. Ohne deren eigenes Engagement und deren Motivation ist der Absatz von Produkten und Dienstleistungen kaum möglich.

3.2.8 Indirekte Ziele

Neben der unmittelbaren Rolle eines Unternehmens oder einer Institution als Eventveranstalter gibt es die Möglichkeit,

- sich als Sponsor oder
- im Rahmen einer Kooperation

an dem Event eines anderen Veranstalters zu beteiligen.

Überspitzt könnte man dies als „kommunikative Trittbrettfahrerei“ bezeichnen. Der Vorteil für das als Sponsor oder Kooperationspartner auf einen fremden Event aufspringende Unternehmen liegt in einer Kostenreduktion, in dem von dem Ereignis ausstrahlenden Imagetransfer und bei Großereignissen in einer Medienpräsenz, die als Alleinveranstalter sonst nicht möglich wäre. Nachteilig ist, dass die Hauptaufmerksamkeit auf dem Ereignis selbst liegt und sich darüber hinaus sehr oft noch mehrere Sponsoren gegenseitig Konkurrenz machen. Bei Sport und Kultur steht die Veranstaltung für sich und verfolgt kein unmittelbares Marketingziel.

Aber auch im Rahmen von Marketing-Events ist es immer öfter üblich, Sponsoren einzubeziehen. Zum Beispiel beim Catering, wenn Brauereien oder Champagnermarken für ihre Präsenz mit Geld- oder Sachleistungen tätig werden. In Zeiten knapperer Budgets unzweifelhaft ein Thema.

Kultur- und Sport-Events, unter bestimmten Bedingungen auch politische Events, haben Kommunikationsziele, die primär oder gänzlich keine Marketingziele sind. Doch auch sie wollen konzipiert und gut organisiert sein.

Zielgruppenansprache (personenbezogen) 3.2.9

Der Vollständigkeit halber sei hier noch einmal an die Event-Zielgruppen erinnert. Was zu beachten ist, wurde bereits im vorangegangenen Kapitel erwähnt.

- Mitarbeiter
- Partner und Lieferanten
- Kunden
  - Business-to-Business (Corporate Event)
  - Business-to-Consumer (Public Event)
- Multiplikatoren
- Öffentlichkeit
- Entscheider
- Fachleute
- Partnerprogramm (gesonderter Event für die eingeladenen Lebenspartner der Teilnehmer an dem Hauptevent)

Hier noch einmal die Kommunikationsziele und die zu ihrer Umsetzung möglichen Event-Formen im Überblick.

Event-Formen und ihre Kommunikationsziele

Kommunikationsziel	Art des Event
Bewusstseinsbildung	■ Aufklärungsveranstaltung ■ Veranstaltung zu Kampagnenbeginn
Emotionalisierung und Aktivierung	■ alle Event-Formen; insbesondere ■ Get-together-Event ■ Motivationsveranstaltung ■ Incentive-Event
Information und Kommunikation	■ Kongress ■ Forum ■ Kundgebung ■ Symposium ■ Tagung ■ Workshop
Produktkommunikation	■ Produktpräsentation ■ Promotion-Event, Promotiontour ■ Event am Point of Sale ■ Ausstellung ■ Messe-Event

Unternehmenskommunikation	▪ Tag der offenen Tür ▪ Unternehmenspräsentation ▪ Jahreshauptversammlung ▪ Messe-Event
Multiplikatorenansprache	▪ Presse-Event ▪ PR-Event ▪ VIP-Event ▪ Händlermeeting
Imagebildung	▪ alle Event-Formen
Indirekte Ziele	▪ Sponsoring ▪ Kooperation

Warum richtet man Events aus?

C

Von der Einwegansprache zum interaktiven Live-Erlebnis

1

Event-Marketing war – trotz zweier großen Krisen – in den letzten Jahren ein Wachstumsmarkt. Innerhalb weniger Jahre vervielfachten sich Etats, Agenturen, Mitarbeiter und die Zahl der veranstalteten Events. Ist damit die klassische Werbung tot? Hat sich PR abgenutzt? Und warum ausgerechnet und jetzt Marketing-Events?

Auf diese Frage finden Sie in diesem Kapitel einige schlüssige Antworten. Aber Marketing-Events sind kein Zaubermittel und deshalb gibt es nicht den einen einzigen und wahren Grund, warum Marketing-Events immer häufiger im Kommunikationsmix eingesetzt werden.

Reflexion

Machen wir doch einen Vergleich und werfen einen Blick auf einige wichtige Unterscheidungsmerkmale zu anderen Instrumenten. Gerade in der Abgrenzung zur klassischen Kommunikation lassen sich die Potenziale des Event-Marketing sehr klar aufzeigen.

Werbung oder Public Relations erlauben dem Empfänger zwar die Rezeption einer Botschaft, aber keine unmittelbare Reaktion, die hier immer nur zeitversetzt und mittelbar erfolgen kann.

Bei einem Event dagegen läuft die Beziehung zum Sender live. Sie können den direkten Response auf die vermittelte Botschaft sofort in Form der Teilnehmerreaktion erfahren. Sie hören den Applaus, spüren und sehen die Begeisterung prompt.

Ein Risiko will ich nicht verschweigen, denn bei einem schlecht vorbereiteten Event offenbaren sich auch Langeweile, Abwendung oder Buhrufe. Deshalb ist Sorgfalt eine wichtige Eventtugend.

Marketing-Events können aber noch eine weitere, gesteigerte Form des Dialogs bieten: die wirkliche Interaktion. Machen Sie aus passiven, konsumierenden Zuschauern aktive Teilnehmer.

Bei großen Events mit sehr vielen Teilnehmern sind die Dialog- und Interaktionsmöglichkeiten natürlich begrenzt. Versuchen Sie es mit Abstimmungssystemen. Gerade die Fortschritte in der IT-Technik haben ganz neue Systeme ermöglicht. Das klassische Digivote hat Konkurrenz bekommen. iPad- oder iPod-getragene Kommunikation mit Abstimmungsmöglichkeiten wird von verschiedenen Dienstleistern angeboten. Aber auch Twitter kann das, wenn die Zielgruppe, respektive Teilnehmer, selbst mobil „zwitschern". Eine weitere Alternative bietet der Anbieter SwarmWorks®, der auf die kollektive Intelligenz von Schwärmen setzt und mittels einer smarten Technik kreative und spielerische Zusammenarbeit von großen Gruppen ermöglicht. Oder verteilen Sie grüne und rote Karten, Taschenlampen oder Laserpointer. Auch hiermit kann man Meinungsäußerungen und Bewertungen sehr schnell sichtbar machen und darstellen. Der Erfolg einer solchen Maßnahme hängt nur von den richtigen Fragen und der richtigen Dramaturgie ab.

Oder teilen Sie Ihre Gruppen auf. Machen Sie einzelne Workshops oder Aktionen, in denen die Teilnehmer ein intellektuelles oder aber ein physisches Ergebnis schaffen müssen. Das können Kunst- oder Bauaktionen sein, deren Thema und Aufgabe von den Zielen des Events abgeleitet sind.

Aber auch Produkte lassen sich interaktiv inszenieren, egal ob das im simpelsten Fall im Rahmen der Händlertagung eines Softdrinkherstellers ein Trupp sprechender Getränkeflaschen ist, die das Publikum befragen oder ob das digital-mediale Aktionen sind. Davon später mehr, denn es gibt noch mehr gute Gründe für Events.

Eine weitere aktuelle Inszenierungsform der Interaktion ist der Commitment-Act, der in der Regel durch eine gemeinsame symbolische Tat dargestellt wird. Hybrid-Events sind ein weiterer Trend, das heißt die Verbindung von realem und digitalem Event. Doch dem widmen wir einen eigenen Abschnitt.

2 Warum Event?

Erinnern Sie sich noch an die Fernsehwerbung, die Sie gestern angeschaut haben? Oder an die Printanzeige Ihres Traumautos? Nein? Den meisten geht es auch nicht anders, denn die Informationslawine und Reizüberflutung sind heute so gewaltig, dass es rein quantitativ immer schwieriger wird, mit unseren Botschaften bei den Menschen, die unsere Zielgruppen ausmachen, tatsächlich anzukommen. Von Wirkung ganz zu schweigen.

Denn es ist gewissermaßen wie in der Medizin, wo der freizügige Einsatz von Antibiotika Resistenzen hervorruft. Also überblättern wir genervt die Werbung oder zappen sie weg.

2.1 Psychologische Faktoren

Die menschliche Wahrnehmungsleistung ist sehr begrenzt. Von der Informationsmenge, die auf uns tagtäglich einströmt, wird nur ein verschwindend kleiner Prozentsatz aufgenommen. Ein noch geringerer Anteil wird auch verarbeitet. Gespeichert wird das Allerwenigste. Die Wahrnehmung des Menschen ist also extrem selektiv.

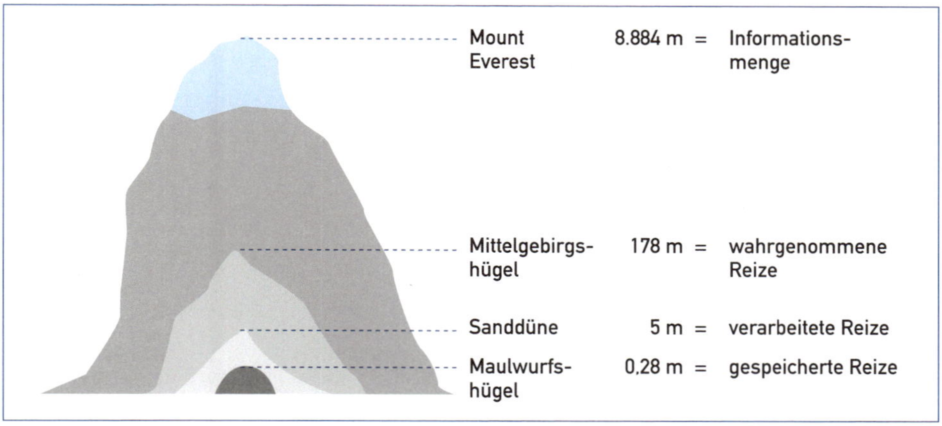

Wahrnehmung und Gedächtnis

Diese natürliche Einschränkung der menschlichen Wahrnehmung ist der eine Faktor. Der andere ist die Zunahme der Werbebotschaften, mit über 2.500 Reizen pro Tag ist das also immer noch ein alpiner Gipfel, um im Bild zu bleiben. Das Kabel- und Satellitenfernsehen hat die Zahl der Werbespots vervielfacht. Mehr Werbung als in einem Verkaufs- und Werbesender wie QVC geht nicht und ist sicherlich auch nicht erträglich. Und vergleichen Sie doch einmal das Anzeigenaufkommen in Ihrer Lieblingszeitschrift mit dem von vor 30 Jahren.

Selbst das genügt der Werbewirtschaft und ihren Kunden nicht. Der Erfindungsreichtum ist erstaunlich. Ständig wechselnde Bandenwerbung bei Sportübertragungen oder Splitbildschirme, die das Ausstrahlen einer Sendung und eine parallele Dauerwerbung ermöglichen, sind die eine Strategie. Werbung schleicht sich aber auch als Ambient Communication in bisher werbefreie Zonen ein: Printmotive auf Pizzaverpackungen und auf Toiletten, Werbung auf Kanaldeckeln, Werbeansagen inmitten von Telefongesprächen ... Die meisten Botschaften gehen in der Informationsflut unter. Kein Wunder, dass wir Menschen gegen Kommunikationsreize resistent werden und immer weniger auf sie reagieren.

Marketing-Events haben im Gegensatz dazu einen ganz wesentlichen Vorzug. Die Abgrenzung der Veranstaltung durch einen zeitlichen und räumlichen Rahmen konzentriert die Aufmerksamkeit der Teilnehmer. Die Aufnahmebereitschaft der Teilnehmer ist höher und intensiver. Die Inszenierung mit Ton, Licht, Darstellung und der rituelle Rahmen des Besonderen emotionalisieren und vertiefen die Wirksamkeit.

Auch die Akzeptanz ist höher, denn der potenzielle Eventbesucher kann selbst entscheiden, ob er teilnimmt oder fernbleibt. Das betrifft auch Mitarbeiterveranstaltungen, bei denen es eine Anwesenheitspflicht gibt. Durch eine gut geplante Kommunikation und eine sorgfältige Einladungsstrategie im Vorfeld können Sie vermeiden, dass die Teilnehmer das Gefühl haben, der Event sei eine lästige Pflichtveranstaltung.

Aber es gibt noch weitere Gründe, die für Events sprechen.

2.2 Warum verschwinden die Unterschiede?

Warum kaufen Sie ein Produkt oder eine Dienstleistung? Die Qualität, das Design und der Service sind in unserer Ökonomie durch technischen Fortschritt oder Verbraucherschutz auf einem hohen Niveau. Das betrifft längst nicht mehr nur Konsumgüter, sondern auch Dienstleistungen und selbst Investitionsgüter. Für den Verbraucher ist das traumhaft, für den Werber ein Albtraum, denn so gibt es keine eindeutig kommunizierbaren Unterscheidungsmerkmale mehr. Auch die ideellen Werte, wie das Image eines Produktes oder eines Unternehmens, werden zunehmend verwechselbarer.

Was zeichnet dagegen eine starke Marke aus? Geht es Ihnen nicht auch so, dass Sie eine bestimmte Marke wegen der positiven Gefühle, die sie in Ihnen weckt, regelrecht mögen und ihr deshalb sogar treu sind? Gefühle sind viel stärker als alle rationalen Argumente. Setzen Sie dieses Potenzial gezielt und bewusst in der Marketingkommunikation ein.

Die einzelnen Disziplinen der Marketingkommunikation ermöglichen dabei sehr unterschiedliche Grade der Emotionalisierung. Der Event bietet das höchste Emotionalisierungspotenzial.

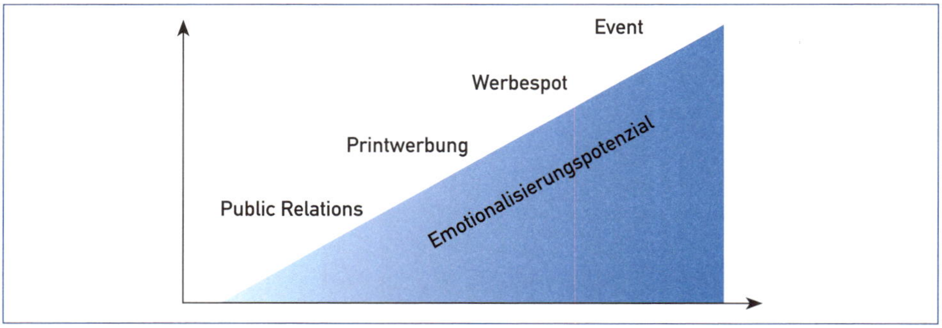

Der Event bietet das höchste Emotionalisierungspotenzial

Der effektive Einsatz von szenischen Mitteln und der gekonnte Umgang mit Spannung durch die Dramaturgie sind bewährte Gefühlsauslöser, die in der mehrtausendjährigen Geschichte von Ritualen und Theater erprobt sind. Vom Theater lernen heißt in Bezug auf Marketing-Events siegen lernen.

Nutzen Sie den hohen Emotionalisierungsfaktor von Events, um Produkte und Dienstleistungen zumindest kommunikativ wieder unterscheidbar zu machen. Darüber lesen Sie mehr im Kapitel „Dramaturgie und Inszenierung".

2.3 Soziale Faktoren

Es gibt noch eine ganze Menge weiterer Gründe, die für den Einsatz von Marketing-Events sprechen. Diese werden immer häufiger auch von den Wissenschaften untersucht, von Ökonomie, Psychologie, Kommunikationswissenschaften oder Soziologie.

Da ist die viel zitierte Spaß- und Freizeitgesellschaft, deren flächendeckende Existenz man allerdings getrost bezweifeln darf. Man kann aber davon ausgehen, dass die Menschen über immer mehr Zeit verfügen, die es sinnvoll zu füllen gilt. Freizeitparks und Reisen boomen auch deshalb seit Jahren.

Diese Trends finden sich auch in der Marketingkommunikation. Unternehmen konkretisieren ihre Botschaften in so genannten Brandparks, in denen die Besucher tagtäglich eine inszenierte Markenwelt erleben können. Die Wolfsburger Autostadt von Volkswagen ist ein Paradebeispiel für ein gelungenes Projekt. Nicht alle bisherigen Versuche waren erfolgreich. Aber in den nächsten Jahren werden immer mehr Disneyworlds der Marketingkommunikation entstehen.

Reiselust und Fernweh werden mit Incentivereisen bedient. Incentives sind Anreizsysteme für motiviertes Verkaufen wie Verkaufswettbewerbe, an deren Ende oft organisierte Reisen mit einem Eventprogramm stehen. Marketing-Events finden außerdem häufig in touristisch interessanten Destinationen statt. So werden europäische Autohändler in die Wüste Arizonas, VIPs auf den Ätna, Pharmamanager nach Monte Carlo oder Journalisten nach Dubai geschickt.

Brandparks und Fernreisen funktionieren, weil sie eine Plattform für unvergessliche Erlebnisse sind. Viele Unternehmen nutzen mittlerweile die Möglichkeit, ihre Marke, ihre Produkte oder Dienstleistung erfahrbar zu machen.

Dazu müssen sie keine Milliarden investieren oder gar ihre Zielgruppe in den Dschungel Borneos senden. Ein intensives Erlebnis kann durch geschickte Inszenierung und Dramaturgie ebenso gut in einer neutralen Werkshalle geschaffen werden. Ein Event sollte so gestaltet sein, wie ein Fünfsternekoch mit Kräutern und Gewürzen umgeht: angemessen und nicht die Überdosis.

Neue Kommunikationsmöglichkeiten

Was haben die neuen Kommunikationsmöglichkeiten mit sozialen Faktoren zu tun? Die Frage ist berechtigt. Es geht mir aber primär gar nicht um den Hinweis, dass immer mehr Events für die Kommunikationsbranche veranstaltet werden. Dieser Markt boomt langsam aus, trotzdem haben Satellitenfernsehen, mobile Telefone und vernetzte Computer unser Leben massiv verändert. Und jetzt verschwimmen die Grenzen, das Internet ist mobil. Ob Smartphone oder Tablet, es spielt keine Rolle mehr, ob der Nutzer zuhause, am Arbeitsplatz oder unterwegs ist.

Immer mehr Kommunikation findet nur noch medial vermittelt statt. In der Wirtschaft war das schon immer so, wenn Telegramme oder Telexe in die Welt gesendet wurden. Doch auch die Technisierung des Alltags wird radikaler. Kids haben in unserer Gesellschaft selbstverständlich ein Smartphone. Damit telefonieren sie aber wenig. Sie nutzen es zur mobilen und direkten Kommunikation mit Social Media. Sie halten sich schon lange lieber bei SchülerVZ oder Facebook als in noch so attraktiven Jugendzentren auf. Und selbst die Bundeskanzlerin twittert!

Bald übernimmt der intelligente Kühlschrank die Wocheneinkäufe, mit der Folge, dass der menschliche Kontakt und die zwischenmenschliche Kommunikation immer mehr aus dem Alltag ausgeblendet werden. Das E-Business boomt, reale Geschäfte verschwinden währenddessen.

Wo bleiben dann die Menschen und deren Bedürfnis nach Erlebnissen? In dieser Entwicklung steckt eine große Chance für das Event-Marketing, denn schon heute zeichnet sich eine Gegenreaktion ab.

Der Wunsch nach direkter Kommunikation, nach physischem und unmittelbarem Erlebnis, treibt die Menschen zu Events.

Viele Konsumenten kaufen heute schon online. Marketing-Events sind in vielen Wirtschaftsfeldern die einzige Möglichkeit, Produkte real zu erfahren, ob das nun permanente Inszenierungen wie die Autostadt sind oder einmalige Veranstaltungen.

Reflexion

In den Achtzigerjahren gab es übrigens eine ähnliche Entwicklung, als gerade die flächendeckende Einführung von Kabelfernsehen und Videorecordern ganz gegenläufig zu einem Boom für die Kinos und Musicaltheater führte.

Auch wenn es einige „Nerds“ und „Freaks“ geben wird, die lieber in ihrer Hightech-Höhle, wie sie die Trendforscherin Faith Popcorn schon vor Jahren beschrieb, vor den Bildschirmen hocken bleiben, wollen viele Menschen doch wieder direkte Kommunikation und authentisches Erleben.

Die Technisierung schafft so ihre eigene Gegenreaktion, den Trend zum Event.

3 Die Zersplitterung der Märkte

Kommen wir noch einmal auf die Zielgruppen zurück. Wo sind sie hin? Der Arbeiter, der Angestellte, die berufstätige Frau ... Das sind heute nur noch grobe Klischees. Mit der zunehmenden Individualisierung lösen sich die großen, uns bekannten Zielgruppen auf, stattdessen bleiben Szenen und Milieus.

Massenmedien brauchen aber die Masse eines kleinsten gemeinsamen Nenners, um zu wirken. Was bei Waschmitteln und Kartoffelchips noch funktioniert, funktioniert bei komplexeren Waren überhaupt nicht mehr. Warum etwa kauft ein sechzigjähriger Architekt einen Jaguar oder Volvo, aber keinen Mercedes, obwohl er bezogen auf Einkommen, Beruf und Alter hervorragend in die Zielgruppe passt?

Heute sind differenziertere und komplexere Definitionen gefordert, die, ob man sie nun Szene oder Milieu nennt, eines gemeinsam haben: Die Gruppen sind überschaubar. Und daher eignen sich Marketing-Events als zentrales Medium. Sie können die Menschen individuell ansprechen und unmittelbar mit ihnen in Dialog und Interaktion treten.

Die Zersplitterung der Märkte

Massenmarkt	Zielgruppenmarkt	Szenenmarkt/Milieus
▪ statisch	▪ relativ statisch	▪ sehr lebendig und wechselhaft
▪ sehr allgemein	▪ eher allgemein	▪ Spezialisierung
▪ anonym	▪ eher anonym	▪ sehr individuell
▪ Quantität	▪ Quantität	▪ Qualität
▪ langfristig	▪ mittelfristig	▪ kurzfristig
▪ geringes Maß an Flexibilität	▪ mittleres Maß an Flexibilität	▪ äußerste Flexibilität

Das sind nun einige ausgewählte und gute Gründe, die auch langfristig für den Einsatz von Events in der Marketingkommunikation sprechen. Damit sie funktionieren, müssen Events gezielt und punktgenau eingesetzt werden.

Jetzt wird es spannend, denn es stellt sich die Frage, wie Sie als Eventmanager das tun können. Die Antwort finden Sie in den nachfolgenden Kapiteln.

Teil II

Die praktische Durchführung

II

Sie sind ungeduldig? Sie haben genug der grauen Theorie und wollen es jetzt wissen: Wie mache ich es konkret mit einem Marketing-Event? Was sind die Geheimtipps, Patentrezepte, Tricks und Kniffe der Profis?

Ich kann Ihnen leider nicht viel davon bieten, denn es gibt nur zwei „Tricks". Der eine heißt Kreativität und ist so planbar wie ein Sommergewitter, der andere heißt Erfahrung und braucht Zeit.

Natürlich kann man der Kreativität auf die Sprünge helfen; dazu gibt es eine Reihe von bewährten Techniken, und die lassen sich lernen. Alle diese Techniken funktionieren aber nur, wenn sie in Verbindung mit geistigen Ressourcen stehen. Man muss nicht Einstein sein, aber eine hohe Allgemeinbildung und ein stets wacher Geist helfen sehr, wenn es darum geht, kreative Ideen zu entwickeln, trockene Unternehmensbotschaften in mitreißende Events umzuformen. Und mit der Erfahrung ist es ähnlich: Sie will erarbeitet sein. Im Bereich des Events hilft sicherlich ein Praktikum bei einem Theater, aber ansonsten gilt: learning by doing – ab in eine Agentur und dort durch die Mitarbeit an konkreten Projekten erfahren, worauf es ankommt. Der nötige theoretische Unterbau findet sich hier, in diesem Buch.

In diesem Teil also die Antworten auf die Schlüsselfragen:

Wie finde ich die richtige Idee und wie setze ich sie richtig um?

Wie richtet man Events aus? D

Das Konzept 1

Wie schreibe ich ein Konzept? 1.1

Eine Idee ist etwas Vages. Sie existiert anfänglich nur in Ihrem Kopf oder Ihrer Seele. Deshalb braucht sie eine Form. Und die heißt in der ersten Stufe der Realisierung eines Events Ideenskizze oder Konzept.

Was ist der Unterschied zwischen Idee und Konzept?
Die Ideenskizze ist ein knappes Konzept und ein Konzept ist eine ausführliche Ideenskizze. Machen Sie eine Ideenskizze, solange es noch viele Unbekannte gibt wie möglicher Zeitraum oder Zeitpunkt. Lassen Sie das Projekt ruhen und reifen und besprechen Sie Ihre Ansätze in verschiedenen Gruppen; so können Sie einige unterschiedliche kreative Ansätze zum Vergleich „herauskitzeln“, bevor Sie an die Details gehen.

Das Konzept an sich 1.2

Im Anfang war das Wort, heißt es in der Bibel. Und das gilt auch für einen Event. So wie das Drehbuch einem Film, das Stück einem Schauspiel zu Grunde liegt, so ist das Konzept die sprachliche und oft auch illustrierte erste Form eines Marketing-Events.

Das Konzept ist die geistige Ausgangsbasis für die Realisierung des späteren Marketing-Events.

Es ist Entscheidungsgrundlage, ob und wie er später stattfinden wird. Es beschreibt Dramaturgie und Inszenierung und aus ihm sind alle Aufgaben und Jobs für die spätere Umsetzung ableitbar.

Wie viel kostet ein Konzept?

Was ist Kreativität wert? Ein faires Honorar? Wenn Auftraggeber nicht bereit sind, für die Konzepterstellung zu zahlen, dann offensichtlich nichts. Solche Auftraggeber müssen sich fragen lassen: Was müssen *Ihre* Kunden für *Ihre* Produkte oder Dienstleistungen zahlen? Was kostet *Ihre* Forschungs- und Entwicklungsarbeit?

Das Konzept ist ein wesentlicher Teil eines Events. Dementsprechend sollte es auch angemessen honoriert werden, auch wenn das leider nicht selbstverständlich ist. Dabei bestimmt der Auftraggeber die Rahmenbedingungen und den Umfang selbst und hat damit auch den Kostenrahmen in dieser Phase fest im Griff.

Die Eventagenturverbände in Deutschland, Österreich und der Schweiz führen bei ihren Mitgliedern Umfragen zu den Honoraren durch, um durch deren Veröffentlichung mehr Transparenz herzustellen.

Der Honorarguide des FME – Forum Marketing-Eventagenturen – unterscheidet in Präsentationshonorare und Konzepthonorare. Im Alltag werden die Begriffe jedoch nicht mit einer solchen Trennschärfe verwendet.

Theoretisch sieht es so aus:

- Das Präsentationshonorar erhält die Agentur für die Erstellung und Präsentation des Konzeptes. Die Nutzungsrechte verbleiben, sofern nicht anders vereinbart, beim Urheber.
- Das Konzepthonorar zahlt der Auftraggeber im Falle der weiteren Beauftragung der Agentur. Damit erhält er, sofern nicht anders vereinbart, die einmaligen und zweckgebundenen Nutzungsrechte für seinen Event.

Die unten angegebenen Honorare sind Anhaltswerte in Euro. Die Definitionen und Beträge sind an die im Honorarguide veröffentlichten Sätze des FME angelehnt. Sie können allerdings im Alltag und bei konkreten Fragestellungen stark abweichen.

Honorarkosten für Konzepte

	Von-bis-Sätze	Mittelsatz
Ideenskizze ohne Präsentation	1.500–3.500 Euro	2.500 Euro nicht recherchiert, mit Grobkosten
Mittlere Konzeption	3.750–6.250 Euro	5.000 Euro mit Präsentation, recherchiert, mit Kostenrahmen
Große Konzeption	6.750–10.000 Euro	7.500 Euro Konzept mit Visualisierung, Optionen, verbindlicher Kalkulation
Komplexe Konzeption	10.000–20.000 Euro	15.000 Euro außergewöhnlich anspruchsvolle, aufwändige und umfangreiche Projekte

Wem gehören die Ideen?

Die Ideen sind das Kapital der Kreativen. Deshalb kauft der Kunde mit dem Konzeptionshonorar nicht die Idee selbst, sondern nur deren einmalige zweckgebundene Nutzung und auch nur, wenn er die Urheberagentur mit der Umsetzung beauftragt. Zum Schutzumfang gehören nicht nur die eigentlichen Konzepte selbst, sondern auch alle Visualisierungen, Texte, Entwürfe, Scribbles, Grafiken oder Animationen. Eine entsprechende Klausel findet sich in den Konzepten, Verträgen, Angeboten oder den allgemeinen Geschäftsbedingungen der Agenturen.

Natürlich kann der Auftraggeber versuchen, weitergehende Nutzungsrechte zu erwerben oder einvernehmlich eine andere Regelung treffen. Das ist aber verständlicherweise immer mit Mehrkosten verbunden.

Wie viel Zeit braucht ein Konzept?

Kein Event fällt einfach so vom Himmel. Es sollte frühzeitig geplant werden und der Agentur ausreichend Zeit gelassen werden. Vier bis sechs Wochen sind ein guter Zeitrahmen. Ein sehr komplexes Projekt braucht vielleicht mehr. Im Alltag sind die Fristen leider oftmals wesentlich kürzer. Im Falle zu knapper Fristen ist es sicher zweifelhaft, ob die „Hauruckverfahren", in denen das Konzept dann zwangsläufig entstehen muss, zum besten Ergebnis führen können. Meistens werden dann doch die Schubladen geöffnet und alte Ansätze recycelt.

Das Briefing

Am Anfang steht das Wort des Kunden, egal ob er nun selbst ein Konzept erarbeiten, dieses bei einem Mitarbeiter oder einer externen Agentur in Auftrag geben will. Nur wenn der Auftraggeber genau weiß, was er will, kann er die Aufgabenstellung und die Kommunikationsziele klar und umfassend in einem so genannten Briefing definieren. Es enthält alle wesentlichen Fakten, eine klare Aufgabenbeschreibung und die Zieldefinition.

Ohne gutes Briefing ist es nahezu unmöglich, ein gutes Konzept zu erarbeiten. Ein persönliches oder ein ausführliches schriftliches Briefing erfordert viel Zeit. Und kein Kunde sollte genervt reagieren, wenn eine Agentur kluge Fragen stellt, denn das zeigt, dass sie in seinem Sinn mitdenkt.

Fragen im Briefing

Die Hardfacts

- Wer ist die Zielgruppe?
- Was ist der Anlass?

- Wo soll der Event stattfinden?
- Wann ist der geplante Zeitpunkt?
- Wie lange soll er dauern?
- Wie hoch ist das Budget?
- Welche Leistungen müssen erbracht werden?

Die Softfacts

- Wie lautet die Aufgabe?
- Was sind die Event-Ziele?
- Wie ist die Einbettung in die Gesamtkommunikation?
- Welche Probleme gibt es?
- Welche Hilfen gibt es?
- Was muss noch berücksichtigt werden?

Kaum ein Konzept wird so realisiert, wie es ursprünglich gedacht wurde. Rahmenbedingungen können sich ändern, Inhalte werden spezifiziert. Dann ist es höchste Zeit für ein Rebriefing. Aber auch wenn ein Konzept prinzipiell zwar gut, aber im Detail noch zu weit weg ist von der vom Kunden gestellten Aufgabe, sollte rebrieft werden, um in einem nächsten Schritt dann ein befriedigendes Ergebnis zu haben.

Es ist ein weiter Weg vom Agenturbriefing zum präsentationsreifen Konzept. Wie bei allen kreativen Leistungen bedarf es nicht nur der Inspiration, sondern auch jeder Menge Transpiration.

1.3 Das Innere des Konzepts

Ein Konzept hat einen Inhalt und eine Form. Die äußere Form ist gewissermaßen das Skelett, die Inhalte sind die Organe. Beides sind wesentliche Elemente. Die Frage, was wichtiger ist, ist so sinnvoll wie die nach der Henne und dem Ei. Da wir aber irgendwie anfangen müssen, tun wir das mit den Inhalten.

Die Zielgruppe – oder wer?

Im ersten Teil sind Sie bereits auf diesen „human factor“ gestoßen. Wir machen Events für Menschen, nicht für abstrakte Marketingmodelle oder klischeehafte Fantasien. Deshalb sollten Sie neben den marketingspezifischen Anforderungen die naheliegenden Bedürfnisse nicht vergessen.

- Wer sind die Teilnehmer?
- Wie viele sind es?
- Woher kommen sie?

- Was wollen sie?
- Welche Sprachen sprechen sie?
- Welcher Kultur, welcher Szene gehören sie an?

Es gibt extrem eventverwöhnte Berufsgruppen wie Ärzte, Autohändler oder Journalisten, die fast „alles“ schon gesehen haben. Das ist dann keine leichte Aufgabe, diese Menschen zu überraschen und immer noch zu begeistern. Mit Standardlösungen funktioniert das keinesfalls.

Kommen wir zum Stichwort „Damenprogramm“, das stattfindet, wenn die „Herren“ tagen. Dies ist nicht nur ein begrifflicher, sondern auch ein inhaltlicher Anachronismus. Nennen Sie es Partnerprogramm und verzichten Sie auf die oberflächlichen Touren wie Shopping, Friseurbesuch oder Wellness. Lassen Sie sich angenehm überraschende Programme als Alternativ-Angebot einfallen. Dramaturgie lebt von der Überraschung.

Gehen Sie gekonnt mit der Erwartung Ihrer Zielgruppe um, denn nichts ist langweiliger als das Vorhersehbare.

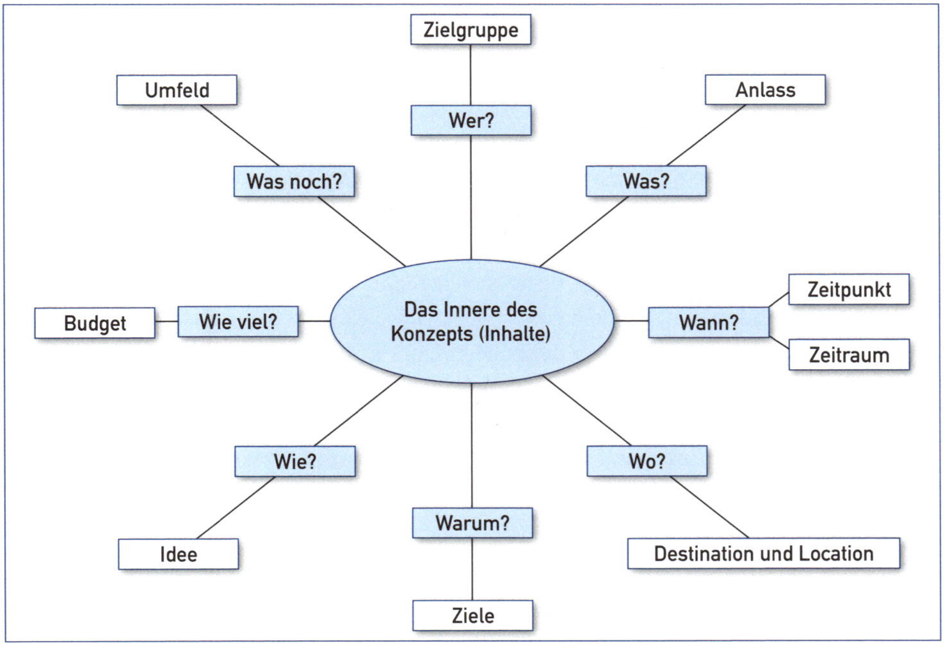

Die Inhalte des Konzepts

Der Anlass – oder was?

Lassen Sie es nicht zu, dass der manchmal zufällige Anlass die Botschaft bestimmt, denn Marketing-Events sollte man nicht wie Feste alleine deshalb feiern, weil sie fallen. Der Event sollte in jedem Fall die kommunikative Bedeutung haben, die aus Marketingsicht des Veranstalters wichtig ist.

Es gibt primäre und zeitliche Anlässe wie ein Jubiläum, eine Jahreshauptversammlung oder eine Messe. Und es gibt sekundäre Anlässe wie eine Produkteinführung, die Kommunikation eines ganz bestimmten Themas oder ein Kick-off als Motivationsveranstaltung.

- Das Jubiläum ist zwar ein schöner Anlass zurückzublicken, aber ist die Zukunft nicht wichtiger? Muss es immer gleich die Zeitreise sein? Hier gilt: Bauen Sie Spannung auf, indem Sie mit den Erwartungen der möglichen Teilnehmer spielen.
- Jahreshauptversammlungen sind sehr komplex. Auch bei dieser Art Veranstaltung geht der Trend zu mehr Event, denn die Aktionäre haben sich verändert. Sie sind jünger und hedonistischer. Aber eine Jahreshauptversammlung ist, gerade wenn es kritische Aktionärsgruppen wie bei Energie- oder Chemieunternehmen gibt, auch ein potenzieller Fettnapf. Wie viel Event ist daher angemessen? Hinzu kommt ein Geflecht von Gesetzen, Vorschriften und Regularien, die zu beachten und einzuhalten sind.

  Alle Reden und Ansagen sind beispielsweise auch bis aufs stillste Örtchen zu übertragen, damit niemand die Abstimmungen verpasst und sie formell anfechten kann.

  Die genaue Teilnehmerzahl bleibt bis zum letzten Zeitpunkt ein Ratespiel, daher müssen parallel mehrere Locations mit unterschiedlichen Kapazitäten bereitstehen. Wenn Störungen oder Krisenfälle zu erwarten sind, sollten auch geheime Locations eingeplant sein.
- Bei Messen sollte man genau überlegen, wie man das Instrument Event nutzt. Messestände können durch Inszenierungen belebt werden, aber diese sollten den eigentlichen Kommunikationszweck nicht überdecken. Ist eine spektakuläre Show so laut, dass Ordergespräche nur brüllend geführt werden können, ist sie kontraproduktiv.
- Produkteinführungen: Die Möglichkeiten, ein Produkt mit einer Live-Inszenierung einzuführen, sind nahezu unendlich. Autos in der Eigernordwand, auf dem Berliner Sony-Hochhaus oder einer Bergflanke des feuerspeienden Ätna – das alles ist schon einmal dagewesen. Was machbar ist, hängt natürlich auch vom Produkt selbst ab.
  - Wie mobil ist das Produkt?
  - Wie komplex ist das Produkt?
  - Wie abstrakt ist das Produkt?
  - Welche Information muss vermittelt werden?
  - Wie ist das reale und das gewünschte Image?
  - Was sind die Ziele?

  Eine neue Anlage zur Müllverarbeitung können Sie nicht einfach an eine spektakuläre Destination verlegen. Noch schwieriger wird es bei Dienstleistungen. Sie sind abstrakt. Ich kann weder Scheinwerfer noch Mikrofone auf sie richten.

  Ob Produkt oder Dienstleistung, die zu vermittelnde Botschaft sollte nicht durch Effekte bis zur Unkenntlichkeit überstrahlt werden.

Neben der Inszenierung spielt natürlich die Dramaturgie eine ebenso wichtige Rolle. Aber dazu später mehr.

Inszenieren Sie Produkte interaktiv. Belassen Sie den Event nicht einfach bei einer bunten Bühnenshow, bei der die Produkte im Scheinwerferlicht stehen und das Publikum passiv im Dunkeln sitzt. Schaffen Sie aktive Erlebnisse durch Ausprobieren, Testmöglichkeiten und unmittelbares Erleben.

- Information: Marketing-Events wecken nicht nur Emotionen, sie vermitteln auch Informationen. Sei es nun direkt, verbal, visuell oder indirekt durch Erlebnis und Inszenierung wie im Falle der „getanzten Produktvorteile". Nur der Veranstalter kann wissen, was die wesentlichen und wichtigen Themen sind. Er muss also die Inhalte festlegen.
- Kick-offs als Motivationsveranstaltungen dienen dazu, Mitarbeiter zu Aktivität, zum Beispiel zu mehr Produktivität oder zu mehr Verkäufen zu ermuntern. Wie bereits im ersten Teil beschrieben, kann das recht schwierig sein, wenn die Motivationslage im Unternehmen nicht gut ist.

Zeitpunkt und Zeitraum – oder wann?

Der Anlass für einen Event ist wichtig, aber genauso bedeutend sind die Ziele, die sich eventuell von ihm ableiten lassen oder sich durch ihn ergeben.

Wann soll der Event stattfinden? Gibt es einen möglichen Zeitpunkt, ein Datum, eine bestimmte Uhrzeit?

Achten Sie darauf, dass ein Marketing-Event so geplant ist, dass die gewünschte Zielgruppe daran teilnehmen kann.

Das klingt trivial, aber es existiert eine Menge zeitlicher Hinderungsgründe und Probleme. In der Regel gibt es immer Feiertage, Urlaubszeiten oder große Messen, durch die die Anwesenheit eines Großteils der potenziellen Teilnehmer verhindert wird. Gibt es eventuell unternehmensspezifische zeitliche Tabuzonen? Weiterbildungen, Produktionszeiträume, Inventuren, Arbeitszeiten oder Abschlüsse? Ist das vorzustellende Neuprodukt überhaupt fertig und verfügbar? Immer wieder werden Events deshalb verschoben oder abgesagt, weil das Produkt dann eben doch noch nicht fertig ist oder die neue Sales-Strategie immer noch nicht steht.

Stimmen Mondeinfluss und Biorhythmus? Ganz im Ernst, fragen Sie mal Polizisten und Feuerwehrleute, was in Vollmondnächten los ist. Und bei der Programmfestlegung sollten Sie den menschlichen Biorhythmus berücksichtigen. Ein düsterer Zuschauerraum im Kongresszentrum direkt nach dem Mittagessen lädt einfach zum Schlummern ein. Geben Sie entweder Zeit für Entspannung oder aktivieren Sie Ihre Teilnehmer durch Workshops und Aktionen.

Weder ein Veranstalter noch ein Konzeptioner kann einfach über die Zeit anderer Menschen verfügen, besonders wenn es um Mitarbeiterveranstaltungen geht. Gerade bei

Abendveranstaltungen oder Wochenendevents fällt zusätzliche Arbeitszeit an. Es sollte geklärt sein, ob diese durch zusätzliche Freizeit ausgeglichen oder ausbezahlt wird. Über dieses Thema sollte der Veranstalter frühzeitig mit dem Betriebsrat oder der Personalvertretung sprechen, um eine einvernehmliche Regelung zu treffen.

Jetzt wissen Sie immerhin, wann der geplante Event stattfinden kann. Aber wie lange soll er sein? Da gibt es eine simple Regel: So lange wie nötig und so kurz wie möglich. Zeit und Aufmerksamkeit sind kostbare Ressourcen. Gehen Sie so effizient wie möglich damit um. Auch die Reisen zum und vom Veranstaltungsort sind Zeiten, die berücksichtigt, überbrückt oder gestaltet werden müssen. Mehr dazu finden Sie im Kapitel „Dramaturgie“.

Destination und Location – oder wo?

Gibt es eine Vorstellung, an welchem Ort der Welt, in welcher Location der Event stattfinden soll?

Eine Location ist immer mehr als eine bloße Hülle für eine definierte Menge von Menschen, denn der Veranstaltungsort hat eine ganz zentrale kommunikative Bedeutung. Er ist wesentlicher Teil der Inszenierung. Image, Architektur, Eignung spielen ebenso eine Rolle wie Lage, Kapazität, Ausstattung, Kosten und Verfügbarkeit.

Eine attraktive Destination stimmt positiv ein. Eine besondere Location schafft Überraschung und Spannung. Die echte Architektur eines Barockschlosses, eines Industriedenkmals oder eines futuristischen Bauwerks ist so authentisch, wie es keine noch so teure Dekoration sein kann. Allerdings können die Kosten den Kreis der wünschenswerten Destinations und Locations sehr schnell einschränken oder bestimmte Vorstellungen ausschließen.

Fragen, die sich im Zusammenhang mit der Location stellen, betreffen:

- Image
- Architektur
- Eignung
- Lage
- Kapazität
- Ausstattung
- Kosten
- Verfügbarkeit
- Sicherheit

Die Ziele – oder warum?

Welche Bilder entstehen in Ihrem Kopf, wenn Sie an einen Marketing-Event denken? Buntes Showlicht, attraktive Akteure, knallige Videos, fröhliche Teilnehmer? Das alles ist reine Konvention. Viel zu oft gehen wir diesen Klischees schon in den frühen Phasen eines Konzeptes auf den Leim.

Hier ist zunächst der Auftraggeber und Veranstalter massiv gefordert. Denn nur er weiß, was er will. Ich will damit niemand die Party verderben, aber ein Event ist viel mehr als Entertainment und Fun. Mit Freibier und Hummer kann man Mitarbeiter oder Händler in der Regel nur sehr kurzfristig motivieren.

Es gibt sehr unterschiedliche Ziele. Man unterscheidet qualitative und quantitative Ziele (siehe auch Teil B, Kap. 3.2), die sich mit Marketing-Events erreichen lassen.

Nur wenn der Auftraggeber seine Ziele eindeutig formuliert hat, kann man später überprüfen, ob diese Ziele erreicht wurden und damit den Erfolg eines Events beurteilen.

Ziele, die sich mit Marketing-Events erreichen lassen

Qualitative Ziele

- Bewusstseinsbildung
- Emotionalisierung und Aktivierung (Motivation)
- Commitment
- Information und Kommunikation
- Produktkommunikation
- Unternehmenskommunikation
- Zielgruppenansprache (personenbezogen)
- Image
- PR-Wirkung (Multiplikatorenevents)
- Indirekte Ziele (Sponsoring und Kooperation)

Quantitative Ziele

- Gewinnsteigerung
- Neukundengewinnung
- Abverkauf
- Wachstum (Umsatzsteigerung, Marktanteil)
- Kontakte (PR-Events)
- Verminderung von Reklamationen

Die Idee – oder wie?

Die Philosophen beschäftigen sich schon seit mehreren tausend Jahren mit der Frage, was eine Idee ist.

Frei nach Hegel könnte man sagen: In der Idee für einen Event sind alle Anlagen vorhanden, wie der spätere Event stattfindet, ohne dass diese ausgeprägt sind. Zu kompliziert? Dann will ich Ihnen mit einem einfachen Bild auf die Sprünge helfen.

In den Genen einer befruchteten Eizelle sind alle späteren Erbanlagen des Menschen vorhanden: Das Gen für blaue Augen, für rote Haare oder für schlanke Finger. Doch die Zelle hat weder Augen noch Haare noch Finger. Diese Ausprägungen finden erst später statt.

Vergleichbar ist das auch bei der Idee für einen Event. Aus ihr lässt sich alles ableiten, was beim späteren Event passiert, ob grünes oder rotes Licht, ob luxuriöses oder frugales Catering, ob drei Tage Dauer oder nur eine einzige Stunde.

Eine gute Idee ist immer einfach. Wenn Sie zur Erklärung mehr als eine DIN-A4-Seite oder fünf Minuten brauchen, dann stimmt sie nicht. Und von einer guten Idee lassen sich alle Maßnahmen konsequent und fast wie von selbst ableiten.

Leider ist es immer wieder zu erleben, dass man sich der Idee vom falschen Ende her nähert. Erst werden in langen Brainstormings Maßnahmen gesammelt, um diese dann mit sprachlicher Akrobatik oder Verschleierungstaktik zu einer vermeintlichen Idee zurechtzubiegen. Es ist wie beim sprichwörtlichen Kaiser, ohne Idee ist auch das Konzept nackt. Und immer mehr Kunden trauen sich auch, das auszusprechen.

Wenn Sie die Idee haben, ergibt sich auch das Motto. Es ist das Konzentrat, gewissermaßen der Extrakt der Idee: in wenigen Worten oder als klares Zeichen (Key-Visual).

Wie bewerte ich eine Idee?

Das erste Kriterium ist die „Pessach-Frage". Am Sederabend, dem Abend vor dem höchsten jüdischen Feiertag, fragt das jüngste Familienmitglied: „Warum unterscheidet sich dieser Abend von allen anderen Abenden?" Und genau das müssen wir uns ebenfalls fragen, wenn wir unsere Event-Idee auf den Prüfstand stellen.

- Was unterscheidet diesen Event von allen anderen Events?
- Was unterscheidet diesen Event von denen, die wir selbst schon erdacht und realisiert haben?
- Was unterscheidet diesen Event von denen, die die Agentur schon konzipiert und umgesetzt hat?
- Was unterscheidet diesen Event von denen, die das Unternehmen, der Kunde, bereits realisiert hat?
- Was unterscheidet diesen Event von denen, die ich schon einmal besucht oder von denen ich Kenntnis erlangt habe?

Niemand kann immer wieder noch nie da gewesene Ideen haben. Die Einschränkungen, die ein Briefing, ein Produkt und Kunde bedeuten, lassen manchmal nur wenige kreative Lösungen zu. Aber Sie sollten alle Fragen, zumindest eingeschränkt, positiv beantworten können.

Nicht nur bei Unternehmen, auch bei Agenturen ist vorsätzlich oder unbewusst die Metoo-Strategie verbreitet: „Was mir beim Anderen gefiel oder erfolgreich war, kann ebenso für mich funktionieren. Also nehme ich es." Das ist auch in der Kunst nicht unüblich. Allerdings gibt es einen Unterschied zwischen Fälschern, Kopisten, Meisterschülern und Meistern. Je mehr eigene Ideen und damit Originalität enthalten sind, desto besser. Auf jeden Fall sollten Sie das „Me first" dem „Me too" vorziehen.

Das Budget – oder wie viel?

Wenn es ein vorgegebenes Budget gibt, dann sollten und müssen Sie das bei der Konzeption berücksichtigen. Im Gegensatz zur weit verbreiteten Auffassung von Kunden engt das die Kreativität allerdings nicht unbedingt ein. Es grenzt aber die Idee auf ein realisierbares Maß ein, was Zeit und Frustrationen spart. Nichts ist unbefriedigender, als erst ein „Sei kreativ. Überrasche uns mit einer außergewöhnlichen Lösung“ zu hören und nach der Präsentation die Abfuhr mit den Worten „Schöne Idee, aber leider ist sie wegen des Budgets nicht realisierbar“ erteilt zu bekommen.

Das kommunikative Umfeld – oder was noch?

Integrierte Kommunikation ist mehr Schlagwort als Realität. Immer noch finden jede Menge Events statt, die weder auf die Corporate Identity noch die Corporate Culture oder das Corporate Design eines Unternehmens oder einer Marke abgestimmt sind. Eine stringente Kommunikation darf sich daher nicht nur auf den eigentlichen Event selbst beziehen, sondern muss das gesamte kommunikative Umfeld einbeziehen. Dabei kann das die Marke selbst oder eine konkrete Werbekampagne sein.

Prüfen Sie außerdem, was für die Kommunikation hilfreich und was störend ist. Positive Ertragslagen oder neue Modelle, auf die Endkunden sehnsüchtig gewartet haben, beschwingen die Kommunikation. Rauschende Feste und drohende Entlassungen vertragen sich schwerlich miteinander. Allerdings kann auch in kritischen Phasen eine direkte und persönliche Kommunikation durch einen Event genau das richtige Instrument sein. Wichtig ist nur, dass die Form der Situation angemessen ist.

Die äußere Form des Konzepts 1.4

Die Inhalte sind wichtig, aber sie brauchen eine Form. Eine Gliederung gibt sie ihnen. Natürlich ist diese Vorgehensweise konventionell. Aber nur wer die Pflicht beherrscht, kann sich an die Kür wagen und eine Gliederung willkürlich ändern oder vielleicht ganz darauf verzichten.

Konzeptgliederung

- Die Ausgangslage
- Die Zielgruppe*
- Die Aufgabe (Ziele)
- Die Idee (Motto)
- Die Strategie*
- Die Umsetzung (Maßnahmen)
- Ablauf*
- Budget
- Copyright

Mit einem * gekennzeichnete Gliederungspunkte sind als eigenständige Abschnitte optional. Sie können aber in den anderen Kapiteln eingepasst werden.

Ob Sie nun die Gliederungspunkte nehmen und so eine Wiedererkennung in jedem Ihrer Konzepte schaffen oder je nach Konzept individuelle Titelzeilen schreiben: Überschriften sind ein wichtiger Aufmerksamkeitsfänger!

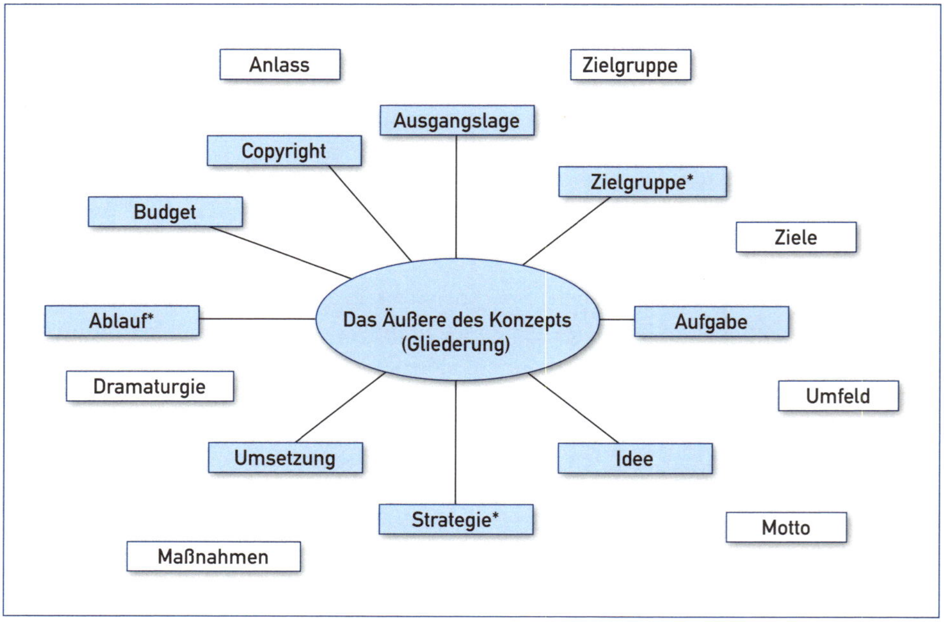

Die Gliederung des Konzepts

Die Ausgangslage

In der Ausgangslage beschreiben Sie knapp die wichtigen Grundbedingungen, die sich aus dem Briefing ergeben: Wer, wie, wo, wann, was, warum. Langweilen Sie die Entscheider nicht durch das endlose Aufzählen von Fakten, die diese als Briefinggeber sowieso schon kennen. Dieser Abschnitt dient vor allem dazu, Idee und Umsetzungsansätze zu begründen und mir selbst und dem Entscheider klarzumachen: Ich habe verstanden!

Die Zielgruppe*

Ob Sie diesen Abschnitt in die Ausgangslage integrieren, ist eine Frage der Gewichtung. Ist der Aspekt, unter dem die Zielgruppe gesehen wird, wichtig, sollten Sie ihr ein eigenes Kapitel widmen.

Die Aufgabe (Ziele)

Hier beschreiben Sie die gestellte Aufgabe und die zu erreichenden Ziele. Seien Sie besonders sorgfältig, denn an diesen Formulierungen werden Sie später gemessen werden. Zögern Sie deshalb nicht, bei Unklarheiten nachzufragen.

Die Idee (Motto)

Eine gute Idee ist immer einfach und lässt sich in der Regel in aller Knappheit und Kürze beschreiben. Hier lösen Sie auf, wie Sie die Aufgabe erfüllen werden.

Die Strategie*
Mit welcher Kommunikationsstrategie wollen Sie das Ziel erreichen, die definierte Aufgabe erfüllen und die Idee umsetzen?

Die Umsetzung (Maßnahmen)
Jetzt ist es an der Zeit, genau zu beschreiben, wie der spätere Event aussehen wird. Dazu greifen Sie in die Trickkiste der szenischen und dramatischen Mittel.

Bei einer Ideenskizze können Sie grob und vage bleiben, ein Konzept ist so detailliert wie nötig, so treffend wie möglich. Beschreiben oder visualisieren Sie alle Schritte, von der Gestaltung der Einladung bis zur Beschreibung des Follow-ups nach dem Event, von der dramaturgischen Einteilung des Bühnenprogramms bis zur live erlebbaren Interaktion.

Lösen Sie durch Ihre Sprache Bilder im Kopf des Lesers oder Zuschauers aus. Unterstützen Sie diese durch Visualisierungen. Ob das nun schnelle Scribbles oder flotte Videos, realistische Modelle oder aufwändig programmierte 3-D-Animationen sind, sollte nicht nur vom Budget abhängen, sondern auch von der von Ihnen gewählten Gesamtanmutung des Konzeptes.

Finden Sie eine Konzeptästhetik, die möglichst einmalig ist. Versetzen Sie sich in die Lage der Evententscheider, die bei der Konzeptpräsentation in der Regel mehrere Agenturen hintereinander erleben. Bei alltäglichen PowerPointcharts und der x-ten Computeranimation wird es nun mal langweilig.

Wenn Sie durch den Event kontrolliert Emotionen auslösen wollen, sollte Ihnen das schon bei der Präsentation des Konzepts gelingen.

Pro und Kontra der Visualisierungsmöglichkeiten

Scribbles	+ künstlerischer Charakter – wenig konkret
Videos	+ realistische Anmutung + Tempo durch guten Schnitt – Austauschbarkeit und Beliebigkeit, da ja vom eigentlichen Event noch kein Bildmaterial vorhanden sein kann
Modell	+ gleichzeitige räumliche Vorstellung von allen Punkten aus – statisch
3-D-Animation	+ bewegte Gänge simulieren das Erlebnis – die Fantasie wird geführt

Ablauf*

Die Dramaturgie beschäftigt sich unter anderem mit der Zeiteinteilung eines Events. Sie können den chronologischen Ablauf und die Aufteilung zusammen mit der Umsetzung behandeln. Aber gerade bei mehrtägigen Events empfiehlt sich ein erster Ablaufplan mit den wesentlichen Veranstaltungsbestandteilen, sodass man sich den Event besser vorstellen kann.

Achten Sie auf realistische Zeiteinteilung und hinterfragen Sie alle Angaben wie Transferzeiten etc. Stellen Sie sich den Event in seiner Chronologie, seinen Programmpunkten und möglichen Wegstrecken vor.

Budget

Bisher hatten Sie alle kreativen Freiheiten. Vom Auftraggeber vorgegebene Budgets sollten allerdings nicht überschritten werden. Denn es hilft Ihnen auch die beste Idee nicht, wenn die Realisierung doppelt so teuer ist, wie der Etat es vorsieht. Es kommt im harten Alltag nur ganz selten vor, dass Kunden oder Entscheider in einem solchen Fall die bessere Idee wählen und auf den Etat großzügig aufsatteln.

Geniale Ideen sind nicht zwangsweise nur mit hohen Kosten umzusetzen. Die Vorstellungen und Ansprüche der Kunden verlaufen aber gelegentlich umgekehrt proportional zum Budget. Um dann trotzdem mehr als Standardleistungen anbieten zu können und Ihre Kreativität doch noch einzubringen, hilft es, zusätzliche Leistungen als Optionen anzubieten.

Das Budget sollte so realistisch und detailliert wie möglich kalkuliert sein. Die Entscheider bekommen dagegen eine viel gröbere Darstellung. Es geht dabei nicht etwa darum, Etatpositionen zu verschleiern, sondern in der Realisierungsphase noch ein praktikables Maß an Flexibilität zu bewahren, um bei notwendig werdenden Änderungen Reserven für Umschichtungen zu haben.

Copyright

An die letzte Stelle des Konzepts gehört der Copyright-Vermerk. Wer ist der Urheber, wer hat die Rechte und zu welchen Bedingungen gehen sie an den Auftraggeber über.

1.5 Die Recherche

Um nun aus der Idee ein Konzept zu machen, müssen die einzelnen Aussagen recherchiert werden, sonst bleibt es eine Ideenskizze. Ist die Location zu dem Zeitpunkt überhaupt verfügbar, hat sie die Kapazität etc.? Jeder Aspekt der Ideenskizze wird qualitativ und quantitativ überprüft. Und natürlich sind die Kosten zu ermitteln, Angebote einzuholen. Für ein Konzept sollten möglichst verbindliche Zahlen vorliegen. Denn das Budget kann nur eingehalten werden, wenn die Grundlagen vorher sorgfältig ermittelt wurden. Ärger mit dem internen oder externen Kunden ist ansonsten vorprogrammiert.

Das Konzept ist im Wesentlichen eine um Rechercheergebnisse erweiterte und konkretisierte Ideenskizze. Ein Konzept ist meist schriftlich abgefasst, ob in Prosa, Stichworten oder mit Visualisierungen, ob mit Word oder PowerPoint erstellt, spielt dabei keine direkte Rolle. Es sollte so umfangreich wie nötig, so präzise wie möglich sein. Es kann bereits Visualisierungen enthalten. Aber es muss vor allem den Event für den Leser, der der Entscheider ist, lebendig werden lassen und das Bedürfnis wecken, genau diesen Event auch live zu erleben. In der Regel folgt der schriftlichen Konzeptabgabe eine Präsentation.

Die Präsentation 1.6

Ob man nun mit PowerPointcharts, mit schick designten PDFs, mit Prezi® oder mit Kasperlepuppen präsentiert, richtet sich nach dem Konzept. Die Art und Weise der Präsentation muss zum Konzept und zum geplanten Event passen. Man sollte die Entscheider nicht über- aber auch keinesfalls unterfordern. Wichtig ist, dass man eine Atmosphäre schafft, die den „Funken Poesie" des späteren Events überspringen lässt.

Reflexion

Oft werden Konzepte nicht vor dem endgültigen Entscheiderkreis präsentiert. Also sollte man die Konzepte so anlegen, dass sie einfach weiter präsentiert werden können. Wenn das Konzept gut ist, überzeugt es auch als PowerPoint.

Je höher die Hierarchie, desto weniger Zeit! So komplex manche Themen sind, ein Vorstand hat wenig Zeit und es gibt nur eine Chance. Also empfiehlt es sich, das Konzept einzudampfen. Der berüchtigte „Elevatorpitch" ist ein guter Test. Sind Sie in der Lage, in zwei Minuten das Konzept zu erläutern? Bringen Sie das dann in einer „Management Summary" unter, die entspricht oft genug nur ultraknappen drei bis fünf Charts.

Bis hierher ging es um die Pflicht. Aber was macht ein gutes Konzept wirklich aus? Ist das Geschmackssache oder gibt es objektive Kriterien? Der Zielerreichungsgrad ist nicht der alleinige Maßstab.

Elemente eines guten Konzepts

■ Souveräne Angemessenheit hinsichtlich Ziel und Zielgruppe,	aber nicht	Opportunismus hinsichtlich der Entscheider,
■ grenzenlose Kreativität,	aber nicht	ausufernde Fantasie,

■ echte Emotionalität,	aber nicht	aufgesetzte Gefühlsduselei,
■ Verantwortung gegenüber Umwelt und Gesellschaft,	aber nicht	hochmütige Arroganz,
■ faire Kommunikation,	aber nicht	propagandahafte Verkündigung oder Kaffeefahrt.

Der Event ist und bleibt ein faszinierendes und effektives Kommunikationsmittel, wenn man die „Kommunikation“ als Austausch und Begegnung interpretiert und das „Mittel“ nicht zum Zweck werden lässt.

2 Kreativität: Wie entstehen Ideen?

Das Genie, das auf einer einsamen Insel als Säugling ausgesetzt wird und dann Bilder malt, Symphonien komponiert oder Romane schreibt, gibt es nicht. Der Mensch ist nicht aus sich selbst heraus kreativ, denn um in einer Disziplin oder Kunst kreativ werden zu können und Spitzenleistungen zu schaffen, bedarf es einer Grundlage. Alles andere ist Illusion. Für den Maler ist diese Grundlage die gesamte Malerei, für den Komponisten die gesamte Musik – und für Eventmanager?

Unsere „Domäne“, um einen Begriff des Psychologen Mihaly Csikszentmihalyi („Kreativität, Wie Sie das Unmögliche schaffen und Ihre Grenzen überwinden“) zu verwenden, ist ein sehr weites Feld: Theater und Musik, Film und Medien, Architektur und Design, Tourismus und Landeskunde, Catering und Logistik ... Betriebswirtschaftslehre und Marketing gehören unter anderem auch dazu.

Je selbstsicherer Sie sich innerhalb dieser Domäne bewegen, umso kreativer können Sie sein. Eine gute Allgemeinbildung ist die Basis. Fachwissen können Sie durch Lektüre oder Seminare vertiefen. Vor allem brauchen Sie eine unstillbare und lebenslange Neugierde. Der Apfel hätte, ohne Isaac Newtons Wissen von der Physik der Gravitation, auf dem Kopf des Wissenschaftlers nur eine Beule hinterlassen und keine Inspiration. Ohne Input keine Kreativität.

Für jeden Tag sollten Sie daher „Wissenszeit“ einplanen. Dazu reicht eine tägliche bewusste Viertelstunde Feuilletonlektüre oder das gezielte Surfen im Internet. Oder „sparen Sie die Zeit an“ und gehen Sie einmal pro Woche ins Konzert, in eine Ausstellung, ins Kino oder Theater.

Und reservieren Sie sich auch täglich ein Stück „Mußezeit“. Mein Philosophieprofessor empfahl seinen Studenten für mußevolle Spaziergänge die Anschaffung eines Dackels.

Allerdings garantiert auch der trägste Vierbeiner, der einen zur täglichen künstlerischen Auszeit diszipliniert, keine genialen Ideen. Kreativität wird leider viel zu oft mit

Intelligenz verwechselt, die im Gegensatz zum Moment der schöpferischen Intuition aber vorhersehbar und planbar ist.

So ist mit großer Wahrscheinlichkeit zu erwarten, dass ein Mensch eines bestimmten Alters mit einem bestimmten IQ und einer bestimmten Vorbildung in der Lage ist, eine Gleichung mit X Unbekannten in einer definierten Zeit Y zu lösen. Doch die wichtigsten Prozesse der Kreativität finden im Unterbewusstsein statt. Für den Zeitpunkt der Inspiration lässt sich also kein Termin machen.

Wer ist überhaupt kreativ? 2.1

Kreativität ist ein Phänomen, das nicht nur den Schaffenden allein betrifft. Da ist, wie bereits angemerkt, die Domäne. Allgemein- und Fachwissen sind die Basis. Projektbezogen müssen Sie sich aber zusätzlich mit spezifischem Wissen schlaumachen: Wer ist der Kunde, was ist sein Produkt, wie ist seine Kommunikation? Die Klärung dieser Fragen erfolgt in der Briefingphase.

In der Kunst hat der Kritiker eine höchst wichtige Aufgabe. Csikszentmihalyi verwendet hierfür den Begriff des „Feldes". Das „Eventfeld" sind die Kollegen aus der Agentur oder Abteilung, die Idee und Konzept in einer ersten Kritikphase testen. Dann gehört der Kunde dazu, der sich für oder gegen den Entwurf entscheidet. Am Schluss steht das Publikum, dessen Reaktion über Erfolg und Gelingen entscheidet.

Kein Kunstwerk entsteht in einem einzigen schwungvollen Ansatz. Viele Zwischenschritte sind notwendig. Nutzen Sie diese, um Ihre Ideen und Einfälle bei Kollegen oder Freunden zu testen. Kritik und Selbstkritik gehören zum kreativen Prozess. Schließlich müssen Sie sich nicht nur selbst begeistern, sondern Ihren Auftraggeber und die späteren Teilnehmer des Events.

Letztendlich kommt es immer auch auf den musischen Menschen an, auf Sie selbst. Die genetische Vorbestimmung und das Talent sind nur ein, wenn auch wichtiger Teil.

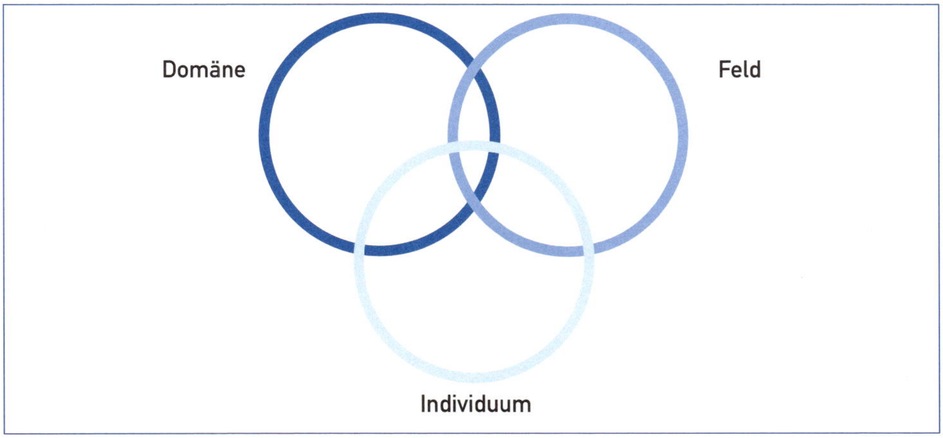

Innerhalb dieser Bezugskreise entsteht Kreativität

Ein Künstler ist eine erstaunlich multiple Persönlichkeit. Er ist

- der Spion, der neugierig ist,
- der Marathonläufer, der Ausdauer zeigt,
- der Optimist, der Erfolgszuversicht hat,
- der Freiheitskämpfer, der unabhängig ist,
- der Egoist, der sich durchsetzt,
- der Rebell, der Konventionen infrage stellt und
- nicht zuletzt auch der Masochist,
  der Frustrationsstärke beweist.

Aber ohne Ausbildung, Wissen, Übung und Erfahrung gibt es keine kreative Hochleistung.

Kreative Menschen verfügen über verschiedene Eigenschaften, die sich zum Teil trainieren lassen oder durch Kreativitätsmethoden gefördert werden können.

Eigenschaften kreativer Menschen

- Flüssiges Denken
  Zu einem Problem möglichst viele Lösungen produzieren.
  Methoden: Brainstorming, Mind-Mapping, Morphologischer Kasten.
- Flexibilität
  Eine Sache von verschiedenen Seiten betrachten.
- Originalität
  Ungewöhnliche, überraschende Ideen generieren.
  Methoden: Osborn-Methode, Reizwort.
- Elaboration/Ausarbeitung
  Sich in eine Sache, ein Problem vertiefen können und Durchhaltevermögen.
- Problemsensibilität
  Kritisches Bewusstsein. Der Blick für das Wesentliche.
- Fantasie
  Vorstellungsvermögen und Träume.

2.2 Wie funktioniert der kreative Eventprozess?

Stellen Sie sich den kreativen Prozess als eine Expedition vor. Talent ist als einzige Eigenschaft nicht beeinflussbar. Doch mit Talent allein überlebt niemand. Übung verschafft Vertrautheit. Eine gute Ausrüstung bietet Sicherheit. Wissen und Erfahrung ermöglichen Risikobereitschaft. Vorbereitung ist also das A und O einer Expedition und des kreativen Prozesses.

Die Stufen des kreativen Prozesses sind:

- Auftrag
- Sammlung
- Brüten
- Inspiration/Idee
- Erste Überprüfung der Idee
- Ausarbeitung
- Laufende Überprüfung

Auftrag 2.2.1

Das Schaffen eines Konzepts ist ein kreativer Prozess, der sich nicht vom Malen eines Bildes oder Finden einer wissenschaftlichen Lösung unterscheidet. Beim Künstler ist es manchmal nur ein inneres Anliegen, oft genug in der Geschichte, wie bei Rembrandts „Nachtwache“, ein schlichter Auftrag.

Für den Eventmanager steht am Anfang das Briefing: Ein Konzept für eine Tagung für 1.200 europäische Autohändler in Barcelona, eine Motivationsveranstaltung für 200 Pharmareferenten oder die Vorstellung eines neuen Produkts auf einem Messestand der CeBIT.

Sammlung 2.2.2

Dann beginnt die Sammelphase. Das Briefing bietet erste und wichtige Informationen, die ergänzt werden müssen. Recherche konkretisiert die Informationen. Vielleicht sind Marktforschungsdaten wichtig. Oder Informationen zu Künstlern oder Locations. Wenn Sie nun auch aus Wissen und Erfahrung sammeln können, haben Sie es in dieser Phase leichter.

Brüten 2.2.3

Was Sie rational tun konnten, ist getan. Aber noch ist das Papier weiß, der Bildschirm leer. In dieser neuen Phase des kreativen „Brütens“ hilft Ihnen niemand und nichts, denn dieser Teil des Prozesses verläuft im Unterbewusstsein. Also gehen Sie ruhig mit dem Dackel spazieren.

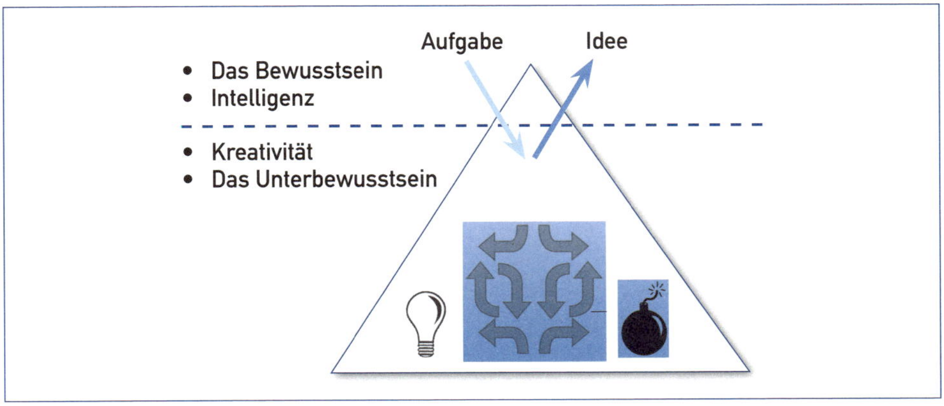

Das Zustandekommen von Inspiration

2.2.4 Inspiration

Das Aha-Erlebnis, die Inspiration, die Idee kommt ganz plötzlich, meistens in vollkommen alltäglichen Situationen wie Duschen, Sport treiben, Spazierengehen. Vertraute Umgebungen und Situationen können helfen. Verkrampftes Nachdenken oder völlige Ablenkung sind jedoch kontrakreativ.

In Teams fällt es oft leichter, Ideen zu generieren, da die kreative Arbeit auf mehrere Schultern verteilt werden kann. Stellen Sie die Gruppen so zusammen, dass möglichst unterschiedliche Charaktere und Qualitäten zusammenkommen und bestimmte Aufgaben verteilt werden.

Teamzusammensetzung

- Die Domäne = die Fachleute
- Die Sammler und Jäger = die Projektleute
- Die Inspiration = die „Spinner“
- Das Feld = die Kritiker
- Die Ausarbeitung = die Helfer

Kreativität vollzieht sich größtenteils unbewusst und ohne Garantie auf eine Lösung. Ideen werden weder hergestellt noch auf der Straße gefunden. Deshalb glaube ich nicht an die Begriffe „Kreativitätstechnik“ und „Ideenfindung“. Ideen entstehen vielmehr in einem mehrstufigen Prozess. Mir scheint der Begriff der „Methode“ passender. Ich nenne dies Ideengenerierung.

Kreativitätsmethoden

Es gibt unzählige Literatur zu den unterschiedlichsten Kreativitätsmethoden. Bei mir stapeln sich die Bücher zu dem Thema. Nicht jede Methode ist aber für jede Phase des kreativen Prozesses gleich gut geeignet. Bestimmte Methoden sind in bestimmten Phasen des kreativen Eventprozesses besonders hilfreich, in anderen dagegen bringen sie wenig.

Brainstorming, Morphologischer Kasten oder Mind-Mapping sind sehr nützliche Methoden, wenn es darum geht, möglichst viele Lösungen zu produzieren: also das so genannte „flüssige Denken“ zu fördern. Um besondere oder ausgefallene Ideen zu generieren, eignet sich dagegen die Osborn-Methode, denn Originalität ist ebenfalls ein wichtiges Kriterium für Kreativität.

Das Brainstorming

Das Brainstorming hilft, möglichst viele Anregungen und Einfälle in kürzester Zeit zu suchen, und ist deshalb besonders für die Phase der Inspiration geeignet. Es funktioniert effektiv, wenn einige wenige zentrale Regeln eingehalten werden. Sie können übrigens auch ganz alleine brainstormen. Der Gruppenprozess hilft freilich nicht nur mengenmäßig, Blockaden werden im Team oftmals einfacher überwunden.

Die wichtigsten Regeln für das Brainstorming

- Ungestörtheit ist die unbedingte Voraussetzung für ein Brainstorming. Der Raum sollte angenehm und leise sein. Stellen Sie die Telefone im Raum ab, schalten Sie die Handys aus. Lassen Sie keine äußerlichen Unterbrechungen zu. Für eine halbe Stunde ist jeder Mensch entbehrlich. Verlangen Sie von den Teilnehmern volle Konzentration.
- Bestimmen Sie einen Moderator, der die Einfälle auch an einem Flipchart oder besser noch mit Moderationskarten und Nadeln an einer Pinnwand dokumentiert, die sich später einfach sortieren lassen. Geben Sie kurz die notwendigen Informationen an alle weiter, sodass ein einheitlicher Wissensstand besteht.
- Grenzen Sie die Aufgabe ein, denn eine komplexe Aufgabenstellung lässt sich mit einem Brainstorming alleine nicht lösen. Eine klare Aufgabenstellung ergibt klare Resultate: „Wir suchen die Dachidee für das Konzept X" oder „Wir brauchen eine Showidee für die Produkteinführung von Y" oder „Wir suchen ein Motto für den Kick-off von Z".
- Sechs bis acht Teilnehmer sind für ein Brainstorming optimal. Wählen Sie den Kreis der Brainstormer sorgfältig aus: Wer kann etwas dazu beitragen, weil er ausgefallene Ideen hat, weil er viel über den Kunden oder seine Produkte weiß oder weil er Erfahrung hat?
- Begrenzen Sie die Dauer auf maximal 30 bis 45 Minuten, denn dann kommt kein neuer Einfall mehr hinzu und Sie beginnen, sich im Kreis zu drehen.
- Um den kreativen Fluss nicht zu bremsen, werden alle Einfälle zunächst unkommentiert und unbewertet gesammelt. Ganz wichtig ist es, dass die Diskussion erst im zweiten Schritt stattfindet. Hier ist ein Moderator mit eiserner Hand notwendig.

Erste Überprüfung 2.2.5

Wenn das Brainstorming zu Ende ist, beginnt die erste Überprüfungsphase. Was sagen Verstand und Gefühl? Passen die Einfälle und Ideen oder sind sie zu abwegig, zu teuer oder unpassend?

Jetzt bewährt sich die Pinnwandtechnik, denn Sie können Karten gruppieren, sortieren, entfernen oder ergänzen. Und wenn Sie etwas Glück haben, dann ist mindestens eine weiterentwickelbare Idee darunter.

Als Methode für die Phase der ersten Überprüfung bietet sich der Morphologische Kasten an.

Morphologischer Kasten

Gerade bei der Bewertung, Auswahl und Kombination mehrerer Ideen oder Einfälle ist eine weitere Kreativitätsmethode hilfreich: der Morphologische Kasten.

Sie können ihn schon zum Brainstorming benutzen, aber auch erst bei der anschließenden Auswahl der gesammelten Einfälle.

Beispiel: Motivationsveranstaltung OXO-Versicherung

- Erster Schritt: In der linken Spalte einer Tabelle werden die Fragestellungen oder Aufgaben definiert.
- Zweiter Schritt: In den Zeilen werden nun mögliche Lösungen frei im kreativen Fluss jeweils zur Fragestellung eingetragen.
- Dritter Schritt: Zum Schluss kann ich auf einen Blick mögliche Kombinationen sehen und damit einen oder mehrere Lösungswege in der Matrix verfolgen.

Motto	Alles wird gut!	Vorwärts!	Der Erfolg zählt!	Sicher helfen!
Idee	Agentenstory	Crashtest	Hamlet	Banküberfall
Location	Gefängnis	Kongress-zentrum	Hotel	Teststrecke
Catering	Gourmet	Gesund & Bio	Selber kochen	Bürgerlich
Reise	Eigene Autos	Flugzeug	Bus	Zug

Das Mind-Mapping

Meine Lieblingsmethode ist das Mind-Mapping, das ebenfalls gleich für zwei Phasen des kreativen Prozesses geeignet ist: für das Brainstorming und für die erste Überprüfung. Die gleichen Fragestellungen wie im Morphologischen Kasten kann ich auch als Landkarte anlegen (siehe auch Abb. „Die Inhalte des Konzepts“ in Teil D, Kap. 1.3).

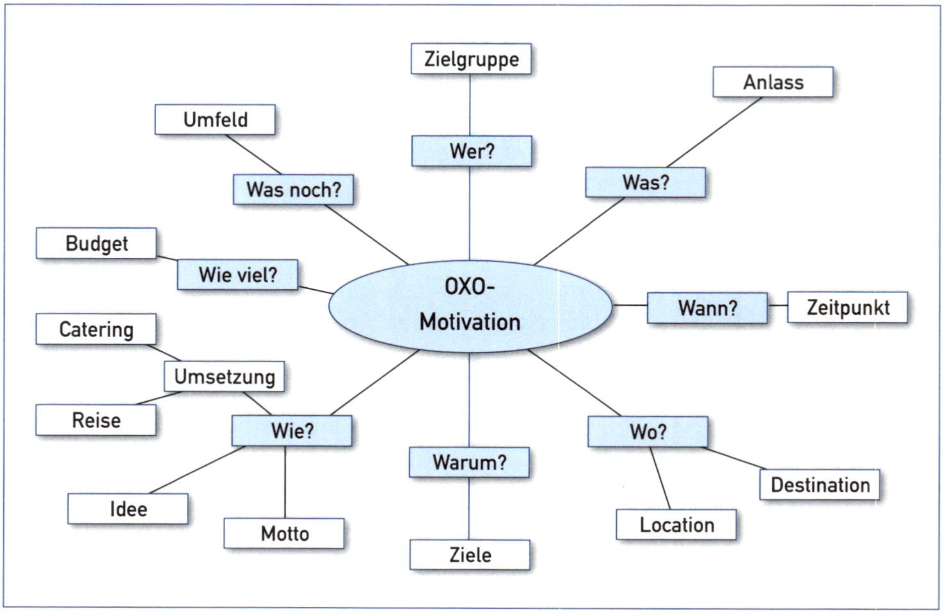

Die leere Mind-Map

Man sieht auf den ersten Blick, dass Mind-Maps auch komplexe Informationen aufnehmen und wiedergeben können. Der Vorteil ist, dass ich mich nicht geistig im starren Kästchensystem bewegen oder Ideen Punkt für Punkt chronologisch abhandeln muss.

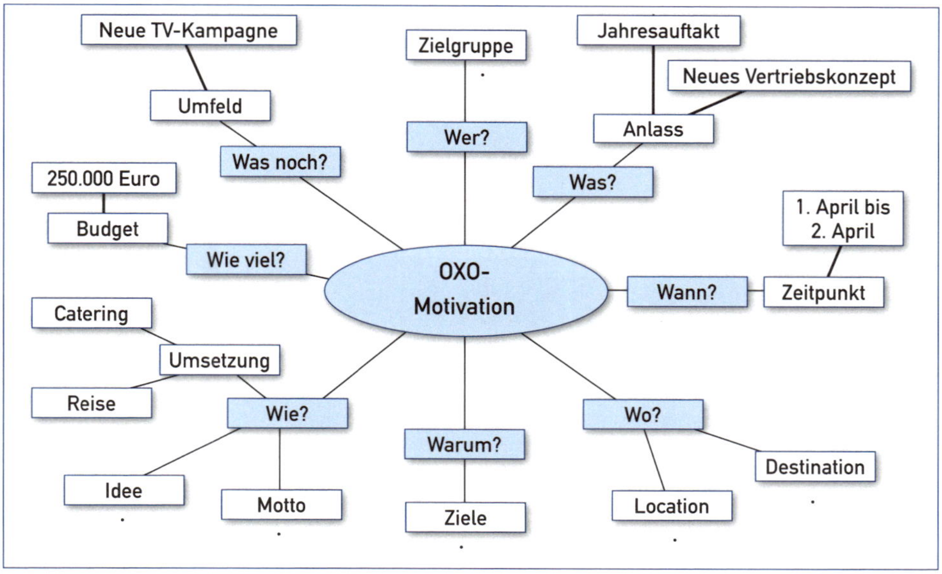

Die Mind-Map mit den zu lösenden Fragestellungen

Ich kann vielmehr assoziativ mit den Gedanken „springen". Während mir beispielsweise als Idee der Crashtest einfällt, denke ich an eine Teststrecke als Location, trage diesen assoziativen Einfall in die Map ein und nichts geht verloren oder wird vergessen.

Allerdings muss man sich an den Stil und das Prinzip der Darstellung gewöhnen. Bevor Sie also die Übersicht verlieren, sollten Sie die Mind-Map aufteilen, sodass die starken Äste getrennt weiterentwickelt werden.

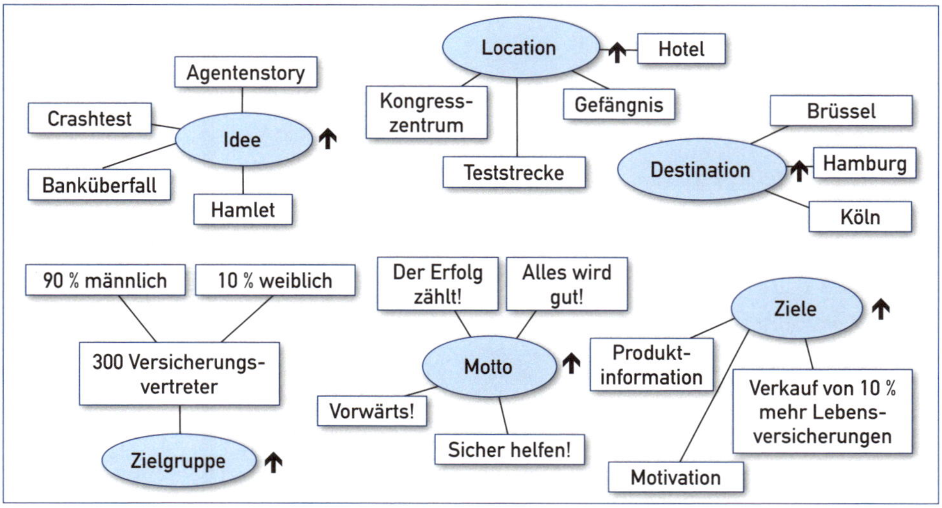

Ideensammlung zu den einzelnen thematischen Ästen

Mit einfachen Symbolen oder Markierungen können Sie nun die Lösungen herausstellen.

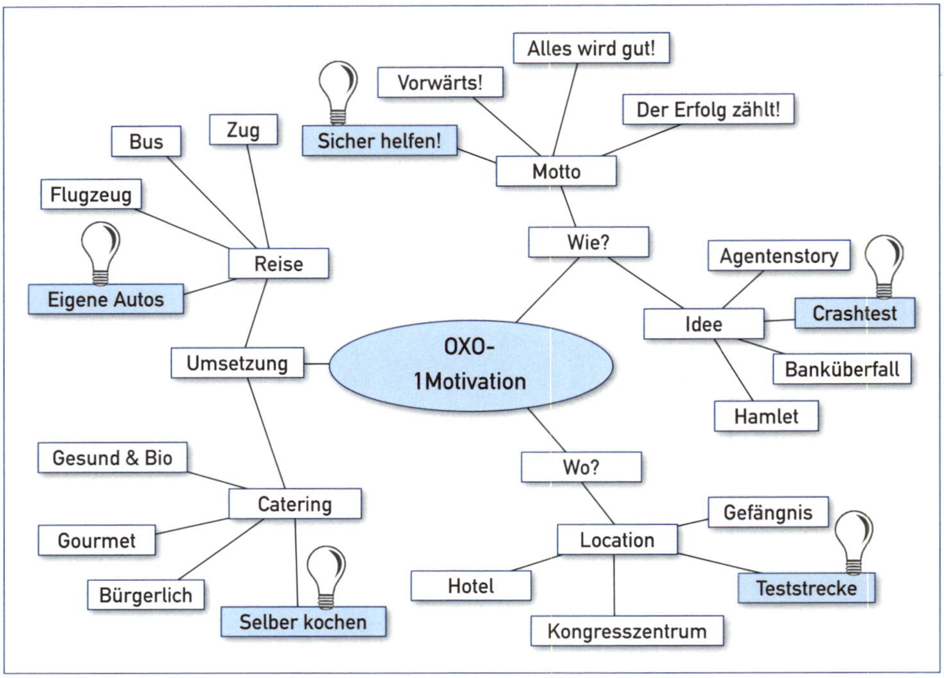

Die sortierte Mind-Map mit den jeweiligen Lösungspräferenzen

Was mache ich aber, wenn ich schon 50 Konzepte für Versicherungsevents entwickelt habe und mir nun wirklich nichts Neues mehr einfällt?

Da helfen mir dann die Methoden, welche die Flüssigkeit des Denkens anregen, also möglichst viele Gedanken produzieren, wie Brainstorming, Morphologischer Kasten oder Mind-Map nicht mehr weiter.

Die Osborn-Methode

Der Werbefachmann Alexander F. Osborn hat in den 1950er-Jahren nicht nur das Brainstorming, sondern auch die nach ihm benannte Methode zur Originalität entwickelt.

Produkte, Inhalte, Konzepte, Lösungen, Strategien etc.

- anders verwenden,
- adaptieren,
- modifizieren,
- vergrößern und verkleinern,
- ersetzen,
- umkehren,
- neu anordnen,
- kombinieren.

Diese acht Punkte scheinen auf den ersten Blick trivial. Und kann ich das Vergrößern/Verkleinern denn auf einen Event anwenden?

Die nähere Beschäftigung lohnt sich, denn mithilfe der Osborn-Methode können Sie außergewöhnliche Lösungen finden.

Anders verwenden

Klassisches Beispiel sind die Post-it-Klebezettel. Sie wurden im Rahmen der Suche nach einem neuen Klebstoff gefunden. Ein Forschungsergebnis war negativ, denn der Klebstoff klebte nicht dauerhaft. Dann kam jemand auf die Idee, gelbe Notizzettel damit zu bestreichen ... deren Nutzwert ja eben gerade darin besteht, nicht dauerhaft zu kleben. In Bezug auf Events kann das bedeuten, eine Kirche als Gala-Location zu verwenden oder die Teilnehmer mit Tretrollern auszustatten, statt Shuttlefahrzeuge auf dem Eventgelände einzusetzen ...

Adaptieren

Clevere Forscher fanden heraus, dass die Oberflächenbeschaffenheit von Lotusblättern verhindert, dass Schmutzpartikel daran haften bleiben. Diesen „Lotuseffekt" banden sie in die Oberflächenstruktur von Fassadenfarbe ein. Jeder Regen reinigt nun selbsttätig die mit dieser Farbe behandelte Fassade.

Machen Sie aus dem Buffet ein Stillleben. Lassen Sie die Tagung im Handlungsrahmen, in den Kostümen, mit den Akteuren und in der Kulisse einer Macbeth-Aufführung stattfinden ...

Modifizieren

Die Kubisten veränderten die Formen, die Expressionisten auch die Farben in ihren Bildern. Lassen Sie Ihren Workshop nicht im Kongresszentrum stattfinden, versetzen Sie ihn ins Kunstmuseum. Vermitteln Sie die Inhalte nicht durch projizierte Videos, sondern durch einen Geschichtenerzähler. Das Catering präsentiert Kanapees in den Unternehmensfarben ...

Vergrößern und verkleinern

Bauen Sie eine überdimensionale Kulisse. Oder lassen Sie durch clevere Deko die Teilnehmer wie Riesen wirken ...

Ersetzen

Ein klassisches Beispiel ist die Sonnenenergie, die Kohlekraftwerke ersetzt.

Lassen Sie langweilige Reden weg und ersetzen Sie sie durch spannende Theaterszenen oder flott geschnittene Videos ...

Umkehren

Machen Sie es wie der Maler Georg Baselitz, der seine Porträts kopfunter hängt und stellen Sie die Dinge auf den Kopf. Der Arbeiter aus der Fertigung hält die Auftaktrede. Ein Video ist zu sehen, das statt seiner den Vorstandsvorsitzenden an der Maschine zeigt. Die Vorgesetzten aus dem Vertriebsmanagement bedienen die erfolgreichen Verkäufer. Fangen Sie mit dem Finale an. Setzen Sie negativen Stimmungen positive Aspekte entgegen ...

Neu anordnen

Lassen Sie die Konventionen sein und verändern Sie aktiv. Würfeln Sie die Reihenfolge des üblichen Programmablaufs durcheinander. Lassen Sie die Autohändler zuerst die neuen Fahrzeuge auf der Straße buchstäblich „er-fahren" und dann authentisch über ihre Erfahrungen berichten, anstatt ihnen, wie sonst üblich, vom Rednerpult und mit getanzten Produktvorteilen alle Neuerungen langatmig zu referieren, bevor sie die Autos dann selbst erleben dürfen.

Kombinieren

Der Künstler Max Ernst schnitt aus alten Grafiken Dinge und Elemente aus und kombinierte sie neu zu surrealistischen Collagen. Marketing-Events sind mit ihrer Kombination aus Information und Emotion, von Inhalten und Entertainment ein sehr passendes Beispiel für diese letzte Osborn-Regel. Aber das ist nicht mehr neu.

Poetische Theaterperformance als Marketing-Event (TheArtcore)

Kombinieren Sie verschiedene Medien. Machen Sie aus dem Messeauftritt eine ganze Eventkampagne mit täglich verschiedenen Veranstaltungen für unterschiedliche Zielgruppen auf dem Messestand. Kombinieren Sie eine attraktive Destination und ein furioses Programm mit einem trockenen Thema.

Kombinieren Sie live und „unplugged" vorgetragene Gedichte von García Lorca mit Tanz in der Architektur von Antoni Gaudí und VIPs aus der Chemiebranche ...

2.2.6 Die Ausarbeitung

Die Inspiration und die Ideengenerierung machen gerade einmal zehn Prozent des kreativen Prozesses aus. Die restlichen 90 Prozent bestehen – frei nach dem Philosophen

Helvetius – aus Transpiration! Das bedeutet Ausarbeitung, Ausformulieren, Recherchieren, Visualisieren, Kalkulieren und in Form bringen des Konzepts und natürlich die Realisierung.

Eine stimmige Idee zahlt sich aus. Denn von dieser können alle Maßnahmen konsequent abgeleitet werden.

Die laufende Überprüfung 2.2.7

Zum kreativen Prozess gehört die ständige Überprüfung. Dabei reicht es nicht aus, sich auf das kreative Feld zu verlassen. Selbstkritik ist ebenso wichtig, schließlich können Sie nicht für jede Formulierung oder jeden Detaileinfall Freunde oder Kollegen bemühen.

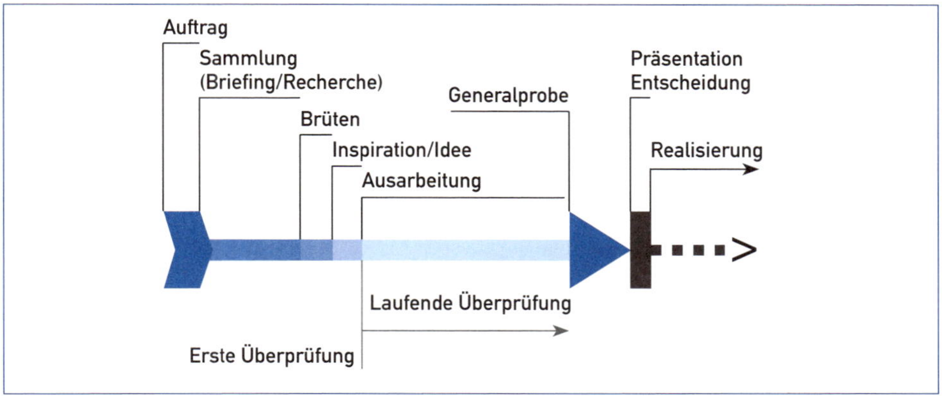

Die Überprüfung ist als Kreativ-Controlling ein ständiger Prozess

Dabei sollten Sie aber keinesfalls bis zur Präsentation warten. Planen Sie rechtzeitige Diskussionen Ihrer Idee und der Ausarbeitung ein. Machen Sie vor der eigentlichen Präsentation eine Generalprobe, die genug zeitlichen Spielraum lässt, noch Änderungen vorzunehmen.

Die Überprüfung steht also nicht wie eine Zensur am Ende Ihrer kreativen Mühen, sondern ist als Kreativ-Controlling ein ständiger Prozess (siehe Abb. oben).

Wer hilft mit Wissen? 3

So mal eben nebenbei wird keine Veranstaltung gelingen. Beim Theater, der Kulturform, die dem Marketing-Event am nächsten kommt, gelten eine gute Ausbildung und das lebenslange Lernen als Grundvoraussetzung. Und warum sollte dies im Event-Marketing anders sein?

Wissen ändert sich täglich. Neue Gesetze und Vorschriften werden erlassen. Auch der erfahrenste Eventmanager muss sich ständig weiterbilden. Immer mehr Anbieter haben diese Marktlücke erkannt. Leider ist das Angebot an Aus- und Weiterbildungen dabei sehr unübersichtlich geworden.

Im Rahmen der Ausbildung zum Eventmanager gibt es inzwischen mehrere Möglichkeiten. Erstmalig gibt es in Deutschland den regulären Ausbildungsberuf „Veranstaltungskaufmann/Veranstaltungskauffrau", den Agenturen und Unternehmen anbieten. Verschiedene Universitäten bieten Event-Management immer häufiger nicht nur als Thema von Seminaren oder Vorlesungen, sondern auch als Studiengang an. Zumeist ist dieser bei den Betriebswirtschaftlern angesiedelt.

Sehr praxisorientiert sind die Programme der Berufsakademien, da Studium und Berufstätigkeit phasenweise abwechseln.

Eine pragmatische Lösung ist die zweijährige duale Ausbildung des Studieninstituts für Kommunikation, dem Pionier in der Aus- und Weiterbildung im Event-Marketing. Gerade bei kleineren Agenturen oder Unternehmen macht das Sinn, da im stressigen Arbeitsalltag Ausbildung kaum stattfinden kann. Und die Berufsschule nimmt die Auszubildenden vielfach gerade in heißen Projektphasen in Beschlag.

Wer sich für das Berufsbild des Konzeptioners interessiert, dem bietet „treibhausO.8", ähnlich der „Texterschmiede", ein fundiertes Aufbaustudium. Eine weitere Möglichkeit ist der Einstieg als Trainee on the Job. Voraussetzung ist auch hier in der Regel ein abgeschlossenes Studium.

Wer sein Wissen erweitern will, für den gibt es unzählige lang- und kurzfristige Weiterbildungsmöglichkeiten. Alle bieten inzwischen Praktiker aus Agenturen und Unternehmen als Referenten an. Ein Klassiker bleibt die berufsbegleitende Weiterbildung zum Eventmanager des IST-Institutes.

Wenn Sie sich gerade für kostenpflichtige Aus- und Weiterbildungen oder Seminare interessieren, vergleichen Sie die Angebote gründlichst. Lassen Sie sich ausführlich über Inhalte, Referenten und Anerkennung in der Branche informieren.

4 Wer zahlt was?

Wenn Sie den Event selbst durchführen, um sich Agenturhonorare zu sparen, dann prüfen Sie diese Entscheidung äußerst sorgfältig. Denn Ihnen selbst entstehen natürlich auch Kosten. Oft unterschätzt man den notwendigen Personalbedarf. Checken Sie unbedingt die eigene Kapazität und Kompetenz.

Agenturen leben zu einem großen Teil von ihrer Kreativität. Deshalb ist eine Honorierung für eine Konzepterstellung mehr als angemessen. Aber was ist „angemessen"? Ein kleines Unternehmen mit vergleichsweise geringen Budgets wird vielleicht nur ein Anerkennungshonorar zahlen können, das die reinen Erstellungskosten deckt.

Das FME – Forum Marketing-Eventagenturen hat einen Honorar-Guide erstellt, in dem nicht nur die durchschnittlichen Kosten aufgelistet sind, sondern auch Minimal- und Maximalwerte. Hier findet man sowohl Pauschalen für Ideenskizzen oder Konzepte als auch die Tagessätze, nach denen bei der Umsetzung abgerechnet wird.

Doch steckt der Teufel auch hier im Detail. Es verlangt schon viel Erfahrung, die Agenturleistung im Vorfeld realistisch zu kalkulieren. Dafür gibt es leider keine Faustformeln. Und neben den reinen Honoraren ist auch eine Handlingcharge, die auf Fremdleistungen aufgeschlagen wird, durchaus üblich. Doch dazu mehr im nächsten Kapitel.

Das „Wie" der Kalkulation

5

Ohne eine solide Kalkulation kann aus der besten Idee, der überschäumendsten Fantasie und den spannendsten Themen kein erfolgreicher Event werden. Ob Sie einen Marketing-Event intern planen oder als Agentur in einer Wettbewerbspräsentation um ihn kämpfen, Budgetvorgaben sollten eingehalten werden. Und als Auftraggeber sollten Sie konkrete Budgetvorgaben machen.

Die Kalkulation erfolgt in drei Schritten:

- Vorkalkulation
- Zwischenkalkulation
- Nachkalkulation

Vorkalkulation

Die Vorkalkulation dient intern der vorausschauenden Kostenermittlung eines Projekts und der Budgetdefinition in der Konzeptphase. Extern ist sie für die Preisermittlung bei der Angebotserstellung und als Entscheidungsgrundlage unerlässlich. Wenn diese dann vom Auftraggeber akzeptiert wird, gibt sie den Etat oder das Budget für den Marketing-Event vor.

Werden die Kosten in einer frühen Phase nur grob aus Erfahrungswerten ermittelt, spricht man von Kostenschätzung. Sie ist unverbindlich. Aber vor Projektstart muss sie dann zur Detailkalkulation verfeinert werden.

Zwischenkalkulation

Die Zwischenkalkulation findet kontinuierlich oder zu definierenden Terminen vor dem Event statt. Mit ihr steuern Sie das Budget und kontrollieren seine Einhaltung im Soll-Ist-Vergleich der Kosten.

Bei aller Erfahrung und Gründlichkeit gibt es in der Praxis jedoch kaum ein Budget, das im Detail so bleibt, wie es ursprünglich kalkuliert war. Oft kommen Leistungen, die ein

Kunde plötzlich zusätzlich wünscht, hinzu. Und natürlich gibt es außergewöhnliche und unvorhersehbare Ereignisse.

Trotz sorgfältigster Planung kann es also vorkommen, dass ein Budget nicht einzuhalten ist. Leider lassen sich angesichts des scharfen Wettbewerbs und harten Kostendrucks immer seltener stille Reserven und Sicherheiten einrechnen. Manchmal hilft das Nachverhandeln bei den Lieferanten.

Kostensteigerungen sollten Sie prinzipiell transparent machen, ob intern im Unternehmen oder als beauftragte Agentur.

Teilen Sie Kostensteigerungen dem Auftraggeber frühzeitig mit und lassen Sie sich diese von ihm freigeben und bestätigen. So vermeiden Sie Auseinandersetzungen bei der Abrechnung.

Geben Sie der Agentur oder Ihrem eigenen Team die Freiräume und Flexibilität, bei geringen Kostenüber- oder Unterschreitungen finanzielle Mittel umzuverteilen, wenn dadurch die Endsumme nicht gesprengt und die Qualität der Leistung nicht gemindert wird.

Nachkalkulation

Die Nachkalkulation findet erst nach dem Event statt und ist die Grundlage für die Schlussabrechnung. In der Praxis ist es kaum möglich, sofort nach dem Event die Abschlussrechnung zu stellen, da viele Rechnungen der Leistungsträger erst 14 Tage, einen Monat oder noch später eintreffen. Die Nachkalkulation macht den wirtschaftlichen Erfolg oder Misserfolg deutlich.

5.1 Was kostet ein Event?

Die Frage stellt sich leicht, die Antwort fällt schwer. Jeder Event ist ein Einzelstück und wird speziell für die gestellte Aufgabe geschaffen. Leistungen wie Catering oder Hotelkosten könnten Sie mit Erfahrungswerten ansetzen, aber bei den Kosten für eine individuelle Inszenierung geht das kaum.

Das geplante Veranstaltungsdatum wirkt sich in Messezeiten oder der Saison gravierend auf das Budget aus. Und ob Sie mit 5.000 Menschen nach Lissabon oder nach London gehen, wirkt sich als siebenstelliger Unterschied aus. Wie kommen Sie dennoch zu einer seriösen Kalkulation?

Gehen Sie systematisch vor, um nichts zu vergessen. Damit Ihnen dies nicht passieren kann, werden wir jetzt gemeinsam und Schritt für Schritt das Erstellen einer Kalkulation durchgehen.

Die verschiedenen Kostenarten

Zunächst „kostet" ein Event, also muss ich die verschiedenen Kostenarten, die anfallen, erfassen. Das Konzept ist die Basis. Alle Leistungen, die darin beschrieben sind, müssen auch kalkuliert werden.

Die Projektkosten bestehen aus den eigenen Kosten, den so genannten „Selbstkosten", und den „Fremdleistungskosten".

	Selbstkosten
+	Fremdleistungseinzelkosten
=	Projektkosten

Am einfachsten fällt die Berechnung bei den Fremdleistungseinzelkosten, da Sie hier die Arbeit der „Kalkulation" einfach delegieren können. In der Regel haben Sie es mit erfahrenen Dienstleistern zu tun und ein Hotel, das seine eigenen Preise nicht berechnen kann, würde ich bestimmt nicht buchen.

Fordern Sie mehrere vergleichbare Fremdleistungsangebote von Wettbewerbern an. Dies setzt allerdings ein vernünftiges Briefing voraus. Informieren Sie den Dienstleister über alle Details, die er für seine Kalkulation benötigt. Erwähnen Sie vor allem die zeitlichen oder mengenmäßigen Angaben wie Probe- und Aufbautage oder zusätzliches Crewcatering. Das Briefing sollte immer schriftlich erfolgen.

Zwei Tipps

Um den bürokratischen Aufwand gering zu halten, sollten Sie für die spätere Rechnungsstellung einheitliche Zahlungsmodalitäten aushandeln wie „Zahlung nach Rechnungsstellung 30 Tage netto". Agenturen haben oft das Problem, dass der Kunde nach dem Event nicht fristgemäß zahlt. Rechnungen müssen bei ihm von verschiedenen Abteilungen geprüft werden und bis dann die Zahlung endlich erfolgt, sind schnell drei Monate ins Land gegangen. Sie sind dann gezwungen, aus Eigen- oder Fremdmitteln vorzufinanzieren, um Ihre Leistungsträger zu bezahlen. Oder Sie vereinbaren die Zahlung sobald auch der Kunde bezahlt hat. Wenn das frühzeitig bekannt ist, wird sich in der Regel jeder auf diese Bedingungen einstellen und eventuelle Finanzierungskosten einkalkulieren.

Wenn das Angebot eintrifft, überprüfen Sie sorgfältig anhand Ihrer eigenen Anfrage oder des Briefings, ob alle Positionen und Konditionen berücksichtigt sind. Das Angebot sollte bis zur Rechnungsstellung nach dem Event Gültigkeit behalten. Sagen Sie angefragten Leistungsträgern und Optionen fairerweise ab, wenn der Event gar nicht oder ohne diese stattfindet. Sie werden feststellen, dass sich nicht alle Kosten über lange Zeiträume festschreiben lassen. Preiserhöhungen oder Währungsschwankungen lassen sich nicht immer voraussehen. Deshalb sollten Sie die Gültigkeit der Preise im Budget eindeutig definieren.

Die Fremdleistungseinzelkosten sind also die Kosten, deren Leistungen nicht durch Sie selbst erbracht und auch nicht durch Sie selbst berechnet werden.

Wenn Sie als Veranstalter eine Agentur beauftragen, gehören selbstverständlich auch deren Honorare dazu. In allen Phasen eines Events können Fremdleistungskosten anfallen.

5.2.1 Fremdleistungseinzelkosten

Vorbereitungskosten	
Konzept	▪ Texte ▪ Grafik ▪ Visualisierung, 3-D-Animation ▪ Modellbau ▪ Recherche, Vorreisekosten für Site-Inspection ▪ Material
Bei **Fremdvergabe**	▪ Agenturhonorar
Teilnehmermanagement	▪ mit Entwurf, Druck, Konfektionierung und Versand von Einladungen ▪ Telefon-Hotline ▪ Event-Homepage
Kommunikation besonders bei Public Events	▪ Event-PR ▪ Eventwerbung wie Plakate, Funk- und Fernsehspots
Sofern einzeln erfasst und nicht Gemeinkosten	▪ Telefon- und Faxkosten
Honorare für Freie	▪ Kreative Leistungen ▪ Beratung ▪ Planung ▪ Betreuung
Durchführungskosten	
Veranstaltung Raumkosten	 ▪ Miete incl. Auf- und Abbau sowie Probezeiten, Nebenkosten ▪ Energiekosten ▪ Möblierung ▪ Reinigung ▪ Brandwache, Sanitätsdienst, Sicherheit

Erschließung	■ Versorgung und Entsorgung
Strom, Wasser und Abwasser	■ Stromaggregat ■ Heizungs- oder Klimaanlage ■ Verkehrserschließung
Bühne	■ Bühnenbau ■ Bühnenbild ■ Raumdekoration
Ton	■ Tonanlage, Mikrofonie, Monitoring ■ Konferenztechnik ■ Simultantechnik ■ Instrumente/Backline (sofern nicht durch die Künstler gestellt)
Licht	■ Bühnenlicht ■ Effektlicht ■ Saallicht ■ Außenbeleuchtung ■ Notlicht
Rednerunterstützung	■ Prompter ■ Bild- und Tonmonitor
Effekte	■ Laser ■ Feuerwerk
Projektionstechnik (Medien)	■ Video, Film oder Dia mit Projektoren und Leinwand ■ Vidiwall, LED-Wand, Rückprojektionsboxen ■ Flatscreens, Monitore ■ Multimedia ■ Overheadprojektoren
Ausstellung	■ Objekte ■ Präsentationsmittel ■ Ausstellungssystem ■ Beschriftung
Ausstattung	■ Kostüme ■ Requisite ■ sonstige Möblierung
Inszenierung Inszenierungshonorare	 ■ Regie ■ Dramaturgie ■ Choreografie ■ Szenografie

Künstler/Act	■ Gage oder Honorar für Künstler, Moderator, Referent
Gagennebenkosten	■ Künstlersozialkasse ■ „Ausländersteuer“
Sonstige	■ Maskenbildner ■ Stylist
Künstlermanagement	■ Betreuung ■ Reise und Transfers ■ Unterkunft ■ Catering ■ Garderobe
Urheberrecht	■ Tantiemen ■ GEMA, AKM, SUISA etc.
Medienproduktion	
Video	■ Drehbuch und Regie ■ Dreharbeiten mit Kamerateam ■ Schauspieler/Sprecher ■ Stockmaterial ■ Schnitt ■ Material ■ Sonstige ■ Charts
Dia	■ Fotoshooting
Multivision	■ Video und Dia
Charts	■ Design ■ Text ■ Operator
Gebühren	■ Genehmigungen ■ Abnahme durch Behörden ■ Kollaudierung (Österreich und Schweiz) ■ Sperrstundenverkürzung ■ Tonträgergenehmigung ■ Tombola
Steuern	■ Versteuerung des geldwerten Vorteils bei Incentives ■ Umsatzsteuer
Catering	■ Teilnehmer und Personal/Crew ■ Speisen und Getränke

	■ Geschirr, Bestecke, Tischwäsche, Tischdeko ■ Personal ■ Reinigung ■ Lagerung ■ Entsorgung ■ Infrastruktur wie mobile Küche
Guest-Management	■ Namensschilder ■ Unterlagen ■ Give-aways ■ Hostessen und Hosts ■ Dienstkleidung ■ An- und Abreise ■ Transfers ■ Unterkunft ■ Verpflegung (siehe Catering)
Security	■ Zugangskontrolle ■ Personenschutz
Versicherungen	■ Veranstalterhaftpflicht ■ Kurzfristige Elektronikversicherung ■ Veranstaltungsausfall ■ Kurzfristige Unfallversicherung für Teilnehmer und Mitarbeiter ■ Kurzfristige Krankenversicherung für Teilnehmer und Mitarbeiter
Dokumentation	■ Video oder Foto ■ Post Production ■ Nachbearbeitung und Vervielfältigung ■ Konfektionierung und Versand
Kommunikation	■ Beschilderung und Beflaggung ■ Funkgeräte und Intercom
Personalmanagement	■ Personalkosten ■ Versicherungen, Steuern und Abgaben ■ Arbeitserlaubnis ■ Dienstkleidung ■ Namensschilder ■ An- und Abreise, Transfers ■ Unterkunft ■ Verpflegung
Transporte	■ Technik ■ Bühnenbild

	▪ Deko ▪ Ausstellung ▪ Material ▪ Verzollung
Nachbereitungskosten	
Evaluation und Erfolgskontrolle	▪ Befragung ▪ Auswertung ▪ Dokumentation ▪ Follow-up ▪ Präsent
Sonstige Kosten	
Finanzierungskosten	▪ Kredite ▪ Bankbürgschaft

Kalkulation der Mengen

Bei vielen Marketing-Events, insbesondere bei CorporateEvents, steht die Anzahl der Teilnehmer meistens im Voraus fest. Trotzdem ergeben sich immer wieder Ratespiele hinsichtlich der endgültigen Teilnehmerzahl. Ganz schwierig wird es dann, Leistungen wie Übernachtungen, Reisen oder Catering exakt zu berechnen. Hier sollten Sie immer eine gewisse Sicherheitsreserve einkalkulieren, auch wenn es immer eine gewisse Menge an kurzfristigen Absagen und No-Shows gibt.

Ein Problem haben Sie, wenn Sie diese Reserven stornieren. Stornogebühren und Ausfallkosten können Ihnen berechnet werden, weshalb sich das genaue Studium von Vertrags- und allgemeinen Geschäftsbedingungen empfiehlt. Erstellen Sie demnach einen Plan, wann Sie die Kontingente mit dem Auftraggeber abstimmen und entsprechende Absagen rechtzeitig tätigen können.

Preise beziehen sich oft auf bestimmte Quantitäten. Werden diese unterschritten, können höhere Einzelpreise anfallen, sodass eine Einsparung durch weniger Teilnehmer wieder wettgemacht werden kann.

Als Auftraggeber wollen Sie natürlich so flexibel wie möglich sein, der Leistungsträger braucht dagegen die möglichst frühzeitige Fixierung.

Je geringfügiger Veränderungen ausfallen, umso kulanter werden sich Ihre Leistungsträger wie Hotels und Caterer in der Regel zeigen.

Anzahlungen und Zwischenabrechnungen

Anzahlungen von Dienstleistern sollten Sie auf Vorableistungen und Sicherstellungen beschränken. Sie wissen schließlich nicht, ob der Ihnen unbekannte Caterer, der schon ein Jahr im Voraus alle Leistungen bezahlt haben will, beim Event überhaupt noch existiert. Andererseits ist es legitim, wenn er eine Vorauszahlung in Höhe des Wareneinsatzes berechnet oder ein Hotel auf einer Sicherheitsleistung besteht, weil es Ihnen zu seiner besten Auslastungszeit sämtliche Zimmer exklusiv zur Verfügung stellt.

Viele Dienstleister erbringen ihre Leistung auch bereits im Vorfeld oder über einen längeren Zeitraum und nicht erst unmittelbar beim Event. Werden für Ihren Event aufwändige Dekorationen produziert oder Performances und Shows eigens inszeniert, sind angemessene Vorleistungen ebenfalls üblich.

Das trifft ganz besonders auf die Eventagenturen zu. Abschlagszahlungen sind durchaus üblich und zum Beispiel auch in den allgemeinen Geschäftsbedingungen der deutschen FME-Agenturen einheitlich geregelt. Sie können im Verlauf der Durchführungsphase bis zu einer Gesamthöhe von 90 Prozent des Auftragsvolumens betragen.

Bei hohen Vorauszahlungen sollten Sie bei unbekannten Geschäftspartnern eine Bankauskunft oder eine Anfrage bei der Creditreform tätigen. Sie können auch eine Bankbürgschaft verlangen.

Handlingcharge

Die Agenturen erhalten für ihre unmittelbaren Leistungen wie Konzeption und Umsetzung ein Honorar. Darüber hinaus ist eine Handlingcharge für die oft aufwändige Betreuung der Dienstleister üblich, die auf die Fremdkosten aufgeschlagen wird und üblicherweise zwischen zehn und 20 Prozent dieser Fremdkosten liegt.

Die Selbstkosten 5.2.2

Das sind die Kosten, die Ihnen beim Event für Ihre eigenen Leistungen entstehen. Dazu gehören Sach- und Personalkosten sowie die Gemeinkosten.

	Personaleinzelkosten
+	Sacheinzelkosten
+	Gemeinkosten
=	Selbstkosten

Wenn Sie als Unternehmen einen eigenen Event durchführen, sind die Kalkulation und Erfassung dieser Kostenart nicht nur für die eigene Auswertung wichtig, sondern sie hilft Ihnen auch bei der Entscheidung, ob es wirtschaftlicher ist, eine Agentur zu beauftragen. Als Agentur oder Freier müssen Sie diese Kosten ebenfalls berechnen, denn Sie wollen ja auf ein Projekt nicht draufzahlen, sondern etwas daran verdienen.

Die reinen projektbezogenen Sachkosten wie Reisekosten oder die spezielle Anschaffung von Geräten lassen sich noch einfach umfassen. Aber wie schätzen Sie den Personalaufwand im Vorfeld realistisch ein?

Personaleinzelkosten

Es gibt kleine äußerst aufwändige und betreuungsintensive Veranstaltungen und große Routineprojekte. Bei unterschiedlich hohen Budgets erfordern sie dann doch die gleiche Manpower. Man kann sich also ziemlich leicht verschätzen, wenn man nicht alle Umstände eines Events in Betracht zieht. Nichts hilft Ihnen dabei mehr als die Erfahrung.

Ganz wichtig ist es, das komplexe Projekt in sinnvolle und überschaubare Arbeitsschritte zu gliedern. Schätzen Sie deren Zeit und den entsprechenden Personalbedarf.

Wie lange brauchen Sie, um eine passende Location in London, Paris oder Köln zu finden, anzufragen, zu optionieren, zu besichtigen und die weiteren Schritte bis zur Veranstaltung zu koordinieren?

Beim Event selbst sind diese Positionen durch den festgelegten Zeitraum einfacher zu berechnen. Vergessen Sie die Auf- und Abbau- oder Probenzeiten nicht. Gehen Sie sämtliche Phasen im Lebenszyklus eines Events sorgfältig durch.

Lebenszyklus eines Events

Vorbereitung	▪ Beratung ▪ Briefing ▪ Recherche ▪ Konzeption ▪ Planung ▪ Controlling ▪ Design ▪ Zwischenabrechnung
Durchführung	▪ Betreuung ▪ Produktion ▪ Organisation ▪ Dokumentation
Nachbereitung	▪ Abwicklungsorganisation ▪ Dokumentationsaufbereitung ▪ Evaluation ▪ Schlussabrechnung

Die jeweiligen Personaleinzelkosten sind natürlich unterschiedlich hoch, denn jeder beteiligte Mitarbeiter kostet Sie unterschiedlich viel.

Um zu ermitteln, wie die realen Kosten sind, müssen Sie entweder die gesamten Personalkosten der Mitarbeiter von der Chefin bis zum Projektassistenten zu Grunde legen oder Sie nehmen dazu bei Angestellten die gesamten Personalkosten. Vergessen Sie dabei auch nicht die Arbeitgeberanteile zur Sozialversicherung. Gehen Sie von etwa 220 Arbeitstagen inklusive Urlaubszeiten und möglichen Krankheitstagen (fünf Prozent) aus.

Teilen Sie die Personalkostensumme durch die realen Arbeitstage, so erhalten Sie die Tageseinzelkosten. Teilen Sie diese wiederum durch acht Stunden, so ergeben sich die Stundensätze auf der Kostenseite.

Stundensätze auf Kostenseite

Tätigkeit	Stundensatz in Euro
■ Chefberatung	200
■ Projektleitung oder Kreation	100
■ Projektassistenz	75
■ Organisation und Verwaltung	50

Die in der Tabelle angegebenen Sätze sind abhängig von der Gehaltshöhe, die je nach Agentur oder Unternehmen nach oben oder unten variieren kann.

Wenn Sie für eine Agentur die Kosten und Preise kalkulieren, müssen Sie zudem bedenken, dass kein Mitarbeiter auf 100 Prozent verkaufte Arbeitstage kommt. Ein Teil der Arbeit ist Akquise oder allgemeine Verwaltung, was zu den Gemeinkosten zählt.

Während aller Phasen des Events ist es wichtig, die geleisteten Zeiten zu erfassen. Nur so können Sie in Zwischen- und Nachkalkulation die Wirtschaftlichkeit kontrollieren und als Agentur die Leistungen abrechnen. Auch bei einer Leistung, die pauschal honoriert wird, sollten Sie die Zeiten checken.

Sacheinzelkosten

Das sind die Kosten für Sachleistungen, die ausschließlich für den Event anfallen. Das sind Reisekosten oder die Anschaffung von speziellen Geräten oder Gegenständen, die nur für diesen Event benötigt werden.

Gemeinkosten

Neben diesen Einzelkostenarten gibt es noch die Gemeinkosten. Das sind Kosten, die sich nicht auf die zu erbringende Leistung beziehen und anrechnen lassen. Dazu gehören bei einer Agentur die Akquisekosten und natürlich Büromieten oder Gebäudekosten, allgemeine Betriebsversicherungen, aber auch Telefon- und Kommunikationskosten, wenn Sie diese einem Projekt nicht unmittelbar zuordnen können.

Man unterscheidet echte und unechte Gemeinkosten:

Gemeinkosten

Investitionen	▪ Büroausstattung ▪ IT ▪ Fuhrpark (sofern Fahrtkosten nicht auf Projekte anrechenbar sind)
Betriebsversicherungen	▪ Sachversicherungen ▪ Unfallversicherungen ▪ Haftpflicht ▪ Rechtsschutz
Steuern	▪ Unternehmenssteuern
Gebäudekosten	▪ Gebäude ▪ Miete oder kalkulatorische Miete bei eigenem Gebäude ▪ Reinigungs- und Instandhaltungskosten ▪ Energie, Ver- und Entsorgung
Werbung/PR	▪ Imageanzeigen ▪ Werbemittel ▪ PR
Personalkosten (die nicht direkt den Projekten zuzuordnen und damit Einzelkosten sind)	▪ Verwaltung ▪ Akquise ▪ Empfang
Sonstige	▪ Allgemeine Verwaltungskosten ▪ Abschreibungen
Unechte Gemeinkosten (der Aufwand, diese Kosten einzeln zu erfassen, ist so hoch, dass man sie als unechte Gemeinkosten berechnet)	▪ Telefon ▪ Sonstige Kommunikationskosten ▪ Kopien etc.

Selbstkosten

Erfassen Sie sorgfältig alle Gemeinkosten. Anhand der Personaleinzelkosten und Sacheinzelkosten ist es möglich, einen prozentualen Gemeinkostenanteil zu berechnen, der je nach Höhe der Einzelkosten unterschiedlich ausfällt.

Agenturkosten p.a.:

Personaleinzelkosten		900.000 Euro
Sacheinzelkosten	+	100.000 Euro
Summe		1.000.000 Euro
Gemeinkosten		200.000 Euro

Um den Gemeinkostenanteil auszurechnen, nehmen Sie die Formel:

$$\frac{\text{Gemeinkosten} \cdot 100}{\text{Personaleinzelkosten} + \text{Sacheinzelkosten}} = \text{Gemeinkostenanteil in Prozent}$$

In unserem Beispielfall ergibt sich also ein Gemeinkostenanteil von:
200.000 mal 100 durch 1.000.000 = 20 Prozent

Um nun die Selbstkosten für die Vorkalkulation eines Projektes zu ermitteln, rechnen Sie z.B. aus Ihren Vorjahreszahlen den Gemeinkostenanteil aus. Kehren wir zu dem fiktiven Satz von 20Prozent aus dem Beispiel zurück.

Betragen die Einzelkosten bei einem Projekt 400.000 Euro Personaleinzelkosten und 100.000 Euro Sacheinzelkosten, so ermitteln Sie die Selbstkosten wie folgt:

Personaleinzelkosten		400.000 Euro
Sacheinzelkosten	+	100.000 Euro
Summe		500.000 Euro
Gemeinkostenzuschlag von 20 %	+	100.000 Euro
Selbstkosten		600.000 Euro

Dieses Verfahren heißt summarische Zuschlagskalkulation.

Gesamtkosten

Führt ein Unternehmen einen Event alleine durch, so ergeben sich aus den Selbstkosten zuzüglich der Fremdkosten die Gesamtkosten.

Selbstkosten		600.000 Euro
Fremdkosten	+	600.000 Euro
Gesamtkosten		1.200.000 Euro

Gewinnzuschlag

Eine Agentur lebt nicht nur von der Zuneigung der Kunden. In der Marktwirtschaft muss sie und wollen ihre Eigentümer Gewinn machen.

Da ist nun eine rein unternehmerische Entscheidung zu treffen. Was gibt der Markt her? Wie bin ich positioniert? Will ich einen Auftrag und damit einen Kunden durch Dumping gewinnen?

Jetzt können Sie aus der Tabelle der Personaleinzelkosten auch eine Angebotspreisliste für Ihre Stundensätze erstellen.

Stundensatz

Tätigkeit	Angebot bei 10% Gewinnzuschlag	Selbstkosten bei 20% Gemeinkostenzuschlag	Einzelkosten
Chefberatung	264 €	240 €	200 €
Projektleitung oder Kreation	132 €	120 €	100 €
Projektassistenz	99 €	90 €	75 €
Organisation und Verwaltung	66 €	60 €	50 €

Den jeweiligen Tagessatz errechnen Sie so:
Tagessatz = Stundensatz mal 8

Angebotspreis oder das Budget

Der Angebotspreis für den Auftraggeber setzt sich also zusammen aus:

Selbstkosten
(Personal- und Sachleistungseinzelkosten)
\+ Gemeinkosten
\+ Gewinnzuschlag
\+ Fremdleistungskosten
\+ Handlingcharge

= Angebotspreis

Ins Angebot gehören natürlich auch die Zahlungsbedingungen. Das Thema Abschlagszahlungen habe ich ja bereits erwähnt. In der Regel erfolgt für Agenturen die unmittelbare Abrechnung nach dem Projekt. Zahlungsziele sind nicht üblich.

Ein Budget oder ein Angebot sollte aus folgenden Positionen bestehen:

Angebotspositionen

- Agenturleistung oder Eigenleistung
- Fremdleistung evtl. zzgl. Handlingcharge
- Sonstige Kosten wie Finanzierungskosten
- Evtl. Umsatzsteuer auf Agentur- und Fremdleistung
- Zahlungsbedingungen

Pauschalierung oder Abrechnung nach Aufwand?

Auftraggeber wollen die Kosten durch Pauschalvereinbarungen im Griff behalten. Denn nicht alle Agenturen halten sich an den für ihre Leistung im Angebot geschätzten Aufwand. Dafür kann es auch gute Gründe geben, die der Kunde sogar selbst zu vertreten hat, wenn etwa zusätzliche Leistungen verlangt werden.

Sinnvoll ist eine Pauschalierung für die Konzepterstellung. Im Kapitel „Konzept" (Kap. 1.2) finden Sie eine Tabelle mit entsprechenden Honorarsätzen.

Die Umsatzsteuer bei den Kosten

Unternehmen und Agenturen sind wirtschaftliche Betriebe, die in der Regel der Umsatzbesteuerung unterliegen. Wenn sie zum Vorsteuerabzug berechtigt sind, so ist es üblich, nur die Nettopreise zu kalkulieren. Doch hier sollten Sie besonders Acht geben. Bei Events im Ausland fallen bei den Fremdleistungen andere und oft höhere Sätze als in Deutschland, Österreich oder in der Schweiz an. Der Vorsteuerabzug ist kompliziert und die nachträgliche Erstattung oft langwierig.

Dazu kommt, dass Unternehmen wie Banken und Versicherungen selbst nicht umsatzsteuerpflichtig sind und auch keinen Vorsteuerabzug vornehmen können. Die Budgetvorgaben sind in diesen Fällen brutto, also inklusive der Umsatzsteuer. Das gilt natürlich auch für öffentliche Auftraggeber wie Ministerien und Behörden.

Einnahmen

Immer mehr Unternehmen haben ein Interesse daran, ihre Marketing-Events durch Eintritts- oder Sponsoringerlöse teilweise oder gänzlich gegenzufinanzieren.

Kalkulieren Sie die möglichen Erlöse realistisch ein. Ist die Zielgruppe bereit, den geplanten Eintrittspreis auch wirklich zu zahlen? Gibt es vergleichbare Erfahrungswerte?

Wenn Sie Eintrittsgelder erheben, können diese sich zusätzlich verteuernd auswirken. Die Urheberrechtsabgaben wie GEMA, AKM und SUISA steigen mit der Höhe der Eintrittsgelder. Und in einigen Bundesländern müssen Sie vielleicht sogar noch Vergnügungssteuer abführen.

Das Thema Gegenfinanzierung und Sponsoring ist so komplex, dass es ein eigenes Buch verlangt.

Umsetzung inhouse

Wägen Sie genau ab, ob Sie ein Projekt inhouse realisieren. Bedenken Sie, dass neben den eigenen Personalkosten weitere Kosten anfallen, für Finanzierungen, Bereitstellungen und Risikoausgleich. Und fragen Sie sich ehrlich, ob die Kräfte inhouse mit der Erfahrung und Professionalität einer Agentur mithalten können.

Wir haben nun genug über Geld geredet? Sie wissen jetzt, wie man ein Budget kalkuliert und ein Konzept kreiert. Nun wird es Zeit, den Event auch endlich stattfinden zu lassen. Und das verlangt wieder sorgfältige Planung.

6 Das „Wie" von Planung und Organisation

Events sind Projekte. Sie haben einen Anfang, ein Ende und eine Menge unterschiedlich wichtiger Zwischenschritte. Mithilfe eines Projektmanagements lassen sie sich, egal wie komplex sie sind, erfolgreich organisieren.

Es gibt verschiedene Softwarelösungen, die Sie unterstützen. Darunter findet sich auch spezielle Eventsoftware. Leider beschränkt diese sich überwiegend auf eine bestimmte Teilaufgabe, nämlich die Teilnehmerverwaltung. Bei großen Events und erst recht bei Veranstaltungen, bei denen Teilnehmergebühren erhoben werden, sind das die richtigen Lösungen, da sie außerdem auch schon Tools für Rechnungsstellung und Mahnwesen enthalten. Es gibt eigene Programme für die Planung von Auftritten und von Tourneen, die eher für Künstleragenturen geeignet sind. Die „Event-Marketing-Event-Software" für alle Anforderungen gibt es allerdings noch nicht.

Dafür finden Sie auf dem Markt allgemeine Projektmanagementprogramme wie MS Project® von Microsoft®, mit denen sich nicht nur der Bau eines Tankschiffs oder einer Marsrakete, sondern auch eine Jubiläumsfeier oder Roadshow steuern lässt. Eine solche Lösung kann zwar die komplexesten Vorgänge abbilden, aber das Anlegen eines Projekts verlangt immer noch erhebliche geistige Vorarbeit.

Gute Erfahrungen habe ich persönlich mit einer Projektmanagementsoftware gemacht, die die sehr einfache und vertraute „Benutzeroberfläche" der klassischen Organizer hat.

Das ist das Organizerprogramm TaskTimer® (www.tasktimer.de). Mit ihm lassen sich nicht nur ganz normale Termine und Aufgaben verwalten, sondern auch, aus dem Kalender heraus, Projekte anlegen, verwalten und steuern.

Die computerlose Zeit liegt eigentlich noch nicht so lange zurück. Und auch damals organisierte man Events. Also vergessen Sie ruhig einmal die Software und beginnen wir mit dem Eventprojektmanagement von Hand.

Alle großen Aufgaben, ob Weltumrundung zu Fuß, Marslandung oder Händlertagung, sind komplex und scheinen zu Anfang unüberwindlich. Der Trick besteht darin, das Projekt in kleine überschaubare Schritte einzuteilen.

Praxistipp

Fangen Sie damit an, dass Sie für Ihr Projekt einen Projektordner anlegen. Das sollten Sie virtuell auf der Festplatte Ihres Computers tun. Natürlich sollten alle Daten auch zusätzlich separat gesichert werden. Was in Unternehmen selbstverständlich ist, muss auch für Freelancer mit einem einzelnen PC oder Laptop gelten. Dort sammeln Sie alle Vorgänge, den Schriftverkehr, Pläne usw., also alles, was das Projekt betrifft. Ob Sie zur Sicherheit auch alles ausdrucken und physisch in einen altmodischen Aktenordner tun, ist dann eher Geschmackssache.

Unterteilen Sie den virtuellen oder realen Ordner mithilfe von Registerseiten so, dass auch ein Fremder mithilfe eines Inhaltsverzeichnisses die Informationen suchen und finden kann, die er benötigt.

Geben Sie allen Dateien einen eindeutigen Namen. Versehen Sie diesen vorne mit dem Erstellungsdatum wie: 120401-Dateiname.doc. Ein Namenskürzel macht zusätzlich Sinn: 120401-xyz-Dateiname.doc. So lassen sich die Dateien schnell identifizieren. Dateien, die final sind, wie Druckdaten oder Pläne können mit einem zusätzlichen Hinweis versehen werden wie „F" für „final": 120401-xyz-Dateiname-F.doc.

Ordnen Sie im realen Ordner die Schriftstücke in den einzelnen Registern in umgekehrter Chronologie, sodass die jeweils aktuellsten Beiträge immer oben liegen. Das erleichtert das Nachschlagen.

Um die Übersichtlichkeit zu wahren, nehmen Sie dann in den einzelnen Registern wiederum Unterteilungen nach Untervorgängen oder einzelnen Lieferanten vor.

So könnte das Inhaltsverzeichnis Ihres Projektordners aussehen:

Inhaltsverzeichnis Projektordner

1. Organigramm	Projektverantwortliche mit Funktionen und Kompetenzen	
2. Kontaktliste	Namen, Anschriften, Telefon, Fax und E-Mail-Adressen von Projektverantwortlichen, Dienstleistern und Ansprechpartnern	
3. Kunde	Schriftverkehr	
4. Konzept	4.1	Briefing
	4.2	Rebriefing
	4.3	Ideenskizze
	4.4	Konzept
	4.5	Recherche
	4.6	Präsentation
5. Protokolle	5.1	Meetingprotokolle
	5.2	Besuchsberichte
	5.3	Aktennotizen
6. Aufgaben	6	Checkliste
7. Ablauf	7.1	Regieplan
	7.2	Drehbuch
	7.3	Moderationsleitfaden
8. Pläne	8.1	Raumpläne
	8.2	Bestuhlungspläne
	8.3	Anfahrtsbeschreibungen
9. Finanzen	9.1	Kalkulation
	9.2	Ausgangsrechnungen
	9.3	Eingangsrechnungen
10. Gewerke	10.1	Teilnehmer
	10.2	PR und Werbung
	10.3	Programm/Acts
	10.4	Location
	10.5	Ausstattung (Bühnenbau/Dekoration)
	10.6	Ton
	10.7	Licht
	10.8	Medien
	10.9	Hotel

10.10	Catering
10.11	Transporte
10.12	Personal
10.13	Give-aways und Follow-up
10.14	Dokumentation
10.15	Genehmigungen
10.16	Versicherungen
10.17	GEMA/AKM/SUISA
10.18	Steuern

Es gibt bei jedem Projekt Aufgaben mit jeweiligem Anfang und Ende sowie Einzeltermine. Besonders wichtige Termine sind Meilensteine.

Aufgaben 6.1

Nehmen Sie das Konzept und die Kalkulation als Ausgangsbasis. Darin sind alle Aufgaben wie Einladungsprozedere, Programm, Inszenierung, Reisen, Catering oder Hotels beschrieben oder aufgelistet.

Erinnern Sie sich noch an das Mind-Mapping aus der Konzeptphase (Kap. 2.2.5)? Ob mit oder ohne Softwareunterstützung, auch damit können Sie sehr gut die Aufgaben erfassen und so darstellen, dass nicht eine ellenlange Liste, sondern eine übersichtliche Map mit den Aufgaben vor Ihren Augen liegt.

Gerade wenn Sie selbst nicht Autor des Konzepts waren, erfassen Sie in einer Mind-Map das Projekt anschaulich und übersichtlich, ohne dabei wichtige Informationen zu vergessen.

Das kann dagegen leicht geschehen, wenn Sie linear mit Listen beginnen.

Oft empfiehlt es sich, zum Beispiel bei aufwändigen Show-Acts oder Gewerken wie der Technik, das Projekt wiederum in einzelne Unterprojekte aufzuteilen.

Der althochdeutsche Begriff „Gewerk" bezeichnet das einzelne „Handwerk". Und das gibt es, wie die Zimmerleute oder Maurer beim Hausbau, auch beim Marketing-Event: Technik, Catering, Bühnenbau ...

Nach dem Erfassen der einzelnen Schritte, und das sind oft hundert und mehr, bringen Sie diese in eine Chronologie.

Am besten ist die Einteilung in einen chronologischen Verlaufsstrahl, der mit dem Start beginnt und einem definierten Ende abschließt. Dazwischen sind die relevanten

Aufgaben als Meilensteine zu definieren. Die weiteren Aufgaben oder Termine kommen hinzu.

Hier der vergröberte Verlaufsstrahl eines Projektes für einen Marketing-Event mit konkreten Aufgaben und Terminen.

Chronologischer Verlaufsstrahl eines Projektes

6.2 Termine

Setzen Sie alle Termine so frühzeitig an, dass in der geplanten Zeitspanne sowohl zufrieden stellende Ergebnisse erreicht als auch sich als notwendig erweisende Änderungen noch umgesetzt werden können. Bereiten Sie die Meetings entsprechend vor und erstellen Sie eine Tagesordnung. Laden Sie alle Personen ein, die für die Aufgabe oder das Erreichen eines bestimmten Ergebnisses wichtig sind. Halten Sie die Resultate in Ergebnisprotokollen fest.

6.3 Teamwork

Legen Sie zu Beginn des Projektes die Verantwortlichkeiten und Kompetenzen in einem Organigramm fest.

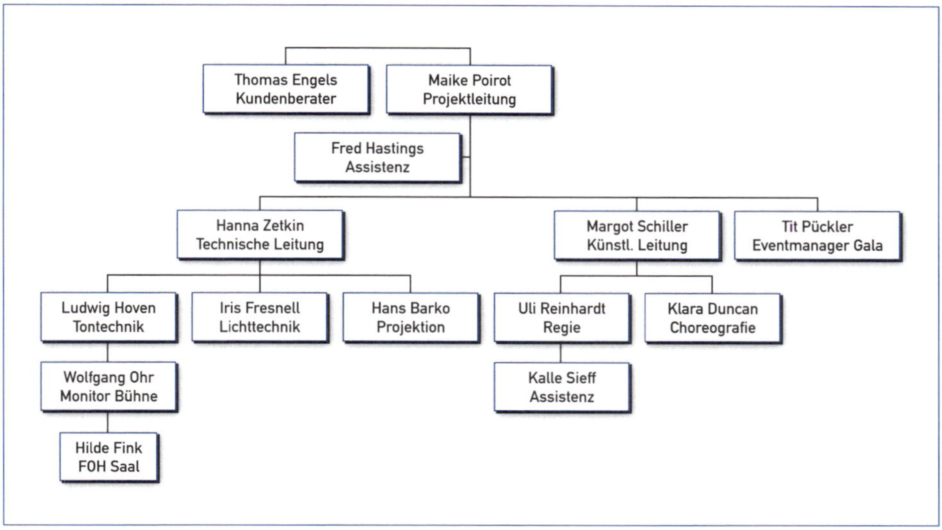

Organigramm: Wer hat wem was zu sagen?

Information und Dokumentation 6.4

Organisieren Sie ein Projekt so, dass Sie als Organisator eigentlich überflüssig sind. Dazu müssen alle wichtigen Informationen kommuniziert werden. Man kann selten zu viel, aber leicht zu wenig informieren. Verstehen Sie die Kommunikation als einen ständigen Prozess.

Verteiler

- Wer braucht sämtliche Informationen?
- Wer benötigt lediglich Teilinformationen?

Informationsmittel

- Telefonat
- Brief/Fax/E-Mail
- Telefonkonferenz
- Videokonferenz
- Meeting

Dokumentieren Sie alle Schritte im Projektordner. Verfassen Sie bei wichtigen Telefonaten einen Aktenvermerk. Bei kaufmännisch und juristisch relevanten Themen sollten Sie eine Mitteilung an die relevanten Beteiligten per Brief oder Fax versenden. Bei E-Mails verlangen Sie eine virtuelle Lesebestätigung

Halten Sie das Ergebnis eines Meetings in einem Protokoll fest, das Sie den Teilnehmern anschließend zur Verfügung stellen.

Geben Sie wichtige Vorgänge, Ergebnisse und Änderungen ausdrücklich frei. Das kann auch schon im Protokoll vermerkt werden. Und holen Sie sich vom Auftraggeber immer eine schriftliche Freigabe, vor allem für Druckvorlagen, Pläne und Kostenänderungen. Achten Sie aber auch darauf, wer überhaupt juristisch vertretungsberechtigt ist, sonst nützt Ihnen im Streitfall die schönste Unterschrift rein gar nichts.

Dokumentation

- Aktenvermerk
- Gesprächsprotokoll
- Freigabe

6.5 Prioritätensetzung und Delegation

Nicht alle Aufgaben und Termine eines Projektes sind gleich wichtig oder gleich dringend. Es bedarf allerdings schon einiger Erfahrung, um herauszufiltern, wie wichtig nun welche Stationen in der Planung sind. Im größten Stress, also zum Beispiel während einer Probe, wenn Techniker, Kunde, Caterer und Künstler gleichzeitig auf den Eventmanager einreden, ist es wichtig, einen kühlen Kopf zu bewahren und die in diesem Augenblick relevanten von den irrelevanten Aufgaben zu unterscheiden. Wer schon einmal ein Assessment-Center mitgemacht hat, kennt das Problem mit der Postkorbaufgabe.

	wichtig	unwichtig
dringend	Bei einer Aufgabe oder einem Termin, der wichtig und dringend ist, muss ich sofort persönlich reagieren.	Eine Aufgabe oder ein Termin sind nicht wichtig, aber dringend. Hier muss zwar aus Zeitgründen reagiert werden, das kann ich aber delegieren. Und ich muss sie hinter Priorität A zurückstellen.
nicht dringend	Aufgaben oder Termine sind wichtig, aber nicht dringend. Hier muss ich nicht unmittelbar reagieren, sondern kann die Erledigung verschieben oder delegieren.	**Papierkorb** Wenn Aufgaben oder Termine unwichtig und nicht dringend sind, dann gehören sie schlicht in den Papierkorb.

Aufgabenpriorisierung in der Eisenhower-Matrix

Praxistipp

Bei der Gewichtung der Aufgaben hilft mir die so genannte „Eisenhower-Regel“ besser als die sonst üblichen hierarchischen Einteilungen wie Priorität 1 bis 5 oder niedrig, mittel und hoch.

Termine oder Aufgaben lassen sich grundsätzlich auf zwei Kategorien reduzieren, nämlich „wichtig“ und „dringend“. Und auf deren Negation: „unwichtig“ und „nicht dringend“. Auf diesem Prinzip lässt sich eine einfache Matrix aufbauen.

Diese Einteilung ist aber nicht statisch für die gesamte Projektdauer zu sehen, denn die Kategorien von Aufgaben und Terminen ändern sich im Projektverlauf. Was am Anfang zum Beispiel noch überhaupt nicht dringend war, wird vor dem Endtermin plötzlich sehr dringend.

Checklisten 6.5.1

Tragen Sie Termine und Aufgaben in eine Checkliste ein. Wenn Sie keine Projektmanagementsoftware verwenden, empfiehlt sich das Anlegen einer Tabelle mit Programmen, die über eine automatische Sortiermöglichkeit verfügen. In MS Excel® oder der Tabellenfunktion von MS Word® sind diese vorhanden. So können Sie neue Aufgaben und Termine einfach am Ende der Tabelle eintragen und das Programm sortiert die Checkliste auf Mausklick wieder chronologisch. Oder Sie können sich die Liste nach den Dienstleistern sortieren lassen. So lassen sich auf sehr einfache Weise mit den vorher selektierten Terminen und Aufgaben übersichtliche Auszüge erstellen.

Checkliste

Projekt:	OX-01
Kunde:	OXO-Versicherung
Event:	OXO-Tagung
Termin:	01.04.201x
Erstellt durch:	Maike Poirot (MP)

Nr.	erledigt	durch	Gewerk	Job	Priorität	Lieferant	o.k. am	Zahlungen
1	02.01.	MP	Agentur	Auftragserteilung an Gewerke	A		02.01.	
2	05.01.	Kunde	Location	Anzahlung Locationmiete	B	Halle	30.12.	4.250 Rest
3	05.01.	Kunde	Hotel	Anzahlung Leistungen Hotel und Catering	B	Hotel Litton	02.01.	22.500 182.980 Rest
4	15.02.	MP	Programm	Option umwandeln in Verträge für Künstler	A	Agentur Zauberland	15.02.	
5	15.02.	MP	Catering	Klären: Speisen und Getränke	C	Caterer	12.02.	
6	28.02.	MP	Hotel	Verbindliche Reservierung Hotel und VIP-Act	A	Hotel Savoy		
7	01.03.	Kunde	Einladung	Klären: Inhalt und Layout Einladung	B	Werbeagentur		

8	28.03	MP	Team	Einsatzbesprechung	A			
9	29.03	MP	Technik, Bühne, Deko	Aufbautag 1, Abnahme, Probe	A	Verleiher, Dekorateur, Bühnenbauer		
10	30.03.	MP	Technik, Bühne, Deko	Aufbautag 2	A	Technik, Tänzer		
11	31.03	MP	Technik, Bühne, Deko	Probetag	A	Technik, Tänzer, Band		

6.5.2 Regieplan

Der Regieplan beschreibt den Ablauf der Veranstaltung und enthält Handlungsanweisungen und Einsätze für die Inszenierung und Organisation des Events. Da es in der Location während der Veranstaltung in der Regel nicht gerade hell ist, empfiehlt es sich bei kompliziertem Bühnengeschehen Visualisierungen in Form von Skizzen oder Scribbles hinzuzufügen.

Es ist schade, dass es noch keine fluoreszierende Tinte oder Toner gibt. Nehmen Sie deshalb einfach Schriftgrößen von mindestens 10 Punkt aufwärts, damit Techniker, auch im Black-out einer Lichtstimmung, an ihrem spärlich beleuchteten Regieplatz ihren Einsatz noch erkennen können.

Beim Theater ist es einfacher. Dort gibt es ein strukturiertes Stück mit genauen Akt- und Szenenangaben und auch exakte Stichworte, auf die hin sich Einsätze für die Gewerke wie Lichtwechsel oder Umbauten definieren lassen. Und es gibt vernünftige Probezeiten, sodass physische Stichpunkte, wie eine Geste, auch noch funktionieren.
Verglichen mit einem Theaterstück ist ein Marketing-Event dagegen viel gröber geplant.

Mit dem Ablaufplan haben Sie ein Instrument in der Hand, durch das Sie die Einsätze präzise festlegen können: Wer was wann tun muss.

Legen Sie für die Zeiten, Aufgaben und Gewerke einzelne Spalten an. Um bei Besprechungen oder Proben die einzelnen Positionen einfacher finden zu können, sollten Sie die erste Spalte fortlaufend durchnummerieren. Mehr Spalten, als auf eine DIN-A4-Seite im Querformat passen, sollten Sie jedoch nicht fixieren, da der Plan sonst zu unübersichtlich wird.

	von	bis	Dauer	Programm	Raum	Act	Hintergrund	Ton	Licht	Medien	Catering	Gäste	Orga
0	08.00	09.00	01.00	Stand-by									Probe im Saal
1	09.00	09.30	00.30	Get-together	Foyer	Jazztrio	ab 09.15		Einlassstimmung	FOH, Mikrofonie	Sektempfang	Registrierung	
2	09.30	09.45	00.15	Einlass	Saal	Einlasssituation		CD-Ambiente	Einlassstimmung	Trailer 1		Geleitung der Hostessen	Zimmerverteilung, Giveaways
3	09.45	09.50	00.05	Auftakt	Saal	Show	Ankunft und Abfahrt VIP, Dr. Waldo	von Video	Stimmung 1–12	Trailer 2	Vorbereitung Kaffeepause		
4	09.50	10.00	00.10	Begrüßung	Saal	CEO, Dr. Fliege		Clip-Mikro	Stimmung 13	Charts 1–6			
5	10.00	10.02	00.02	Moderation	Saal	Tina Ruhe		Headset					
6	10.02	10.10	00.08	Performance	Saal	Futuredance		Future-Band	Stimmung 14–20	Trailer 3	Bereitschaft		
	etc.	etc.	etc.	etc.	etc.	etc.	etc.	etc.	etc.	etc.	etc.	etc.	etc.

Regieplan

Um sich die Arbeit zu erleichtern, sollten Sie den Regieplan in einem Tabellenkalkulationsprogramm anlegen. Bei den Zeitangaben können Sie dann Formeln programmieren, welche die Uhrzeiten automatisch ausrechnen. Beim Anlegen des Plans und auch bei den Änderungen, die sich trotz bester Planung immer ergeben, spart das Zeit.

6.5.3 Drehbuch

Für Redner, Moderatoren und Akteure empfehle ich das Anlegen eines richtigen Drehbuchs. Darin sind die wichtigsten inszenatorischen Angaben aus dem Ablaufplan enthalten und zusätzlich die Texte von Moderator, Rednern und Akteuren. Aufs Stichwort können Sie so Regieanweisungen wie Beleuchtungswechsel, Medieneinsätze oder Charts steuern.

Beispiel für ein Drehbuch

Location	Zeit	Regiehinweis/Moderation
Saal	09.15 Uhr	Dr. Jörg Fliege „Guten Morgen, meine sehr geehrten Damen und Herren! Ich begrüße Sie herzlichst im Namen der OXO-Versicherung. Es wird ein spannender Tag werden.“ Chart 1 Programmübersicht „Lassen Sie mich nicht ins Detail gehen ... Ich wünsche Ihnen Anregungen und Spaß. Und übergebe nun an die Moderatorin Tina Ruhe.“
	10.00 Uhr	Tina Ruhe „Vielen Dank, Herr Dr. Fliege. Auch von mir ein herzliches Willkommen. Doch bevor ich mich festrede, nehme ich Sie mit auf eine fantastische Reise in die Zukunft.“
	10.02 Uhr	Tanz-Performance
Ballsaal im Hotel Tontechnik: BK 1 Handheld Wireless 1 Clip-Wireless Mischpult	17.00 Uhr	Dekoration Bühne Barney, Fred: Banner anbringen, Rednerpult für 1.5 fertig machen mit Schild, Grünpflanzen vom Hotel Technik Regie vor Bühne mit hoteleigenen Paravents

Lichttechnik Hotel		Fred: Licht einrichten Bart: Ton einrichten
Ballsaal im Hotel	18.00 Uhr	Dekoration Fred: Beschilderung
Hotel-rezeption	ab 18.45 Uhr	Eintreffen VIP Tom: Begrüßung
Hotel-rezeption	ab ca. 18.50 Uhr	Begrüßung der Gäste Tom: Hilfestellung Zimmersuche Selma/Louise: mit Ankunft der Busse Kunden-Team: Betreuung
Argentine	19.30 Uhr	Tischdekoration Selma/Louise oder Hotel Tom: Kontrolle Dinner und Feuerwerk
Garderobe	ab 20.20 Uhr	Garderobe Selma/Louise Ankunft der Gäste aus Hotel 2 Tom: Betreuung Kunden-Team: Betreuung
Ballsaal Effekt	21.00 Uhr	Bestuhlung Hotel: 23 Tische à 10 Personen Tischdekoration Hotel: gelbe Tischdecken, gelbe Servietten, Blumenschmuck grün und gelb, Kerzen blau BK: 2 Tischbanner je Tisch und Aufsteller nach Automarken Programm Bart: Einlass- und Hintergrundmusik klassisch von CD Licht Fred: Dinnerstimmung, Saal mittel, Bühne, Effekt Tom, Selma, Louise: Heraufbegleiten der Gäste zu Ballsaal und Platzierung Kunden-Team: Heraufbegleiten der Gäste zu Ballsaal und Platzierung

Ballsaal	21.15 Uhr 5 Min.	Dinnerprogramm Bart: Mikrofon Handheld zu Dr. YYY an Tisch Honda bringen Jerry: Licht Dinnerspeech auf Bühne Dr. YYY: Dinnerspeech
Ballsaal	21.20 Uhr 1 Std. 40 Min.	Dinner Hotel: 4-Gang-Menü
	22.50 Uhr zum Schluss	Feuerwerksfirma Fred: Bereitschaft melden
	23.00 Uhr	2 Böller Feuerwerk Dino: Moderation (Handheld) Ansage für Aufbruch, Feuerwerk als Abschluss des Tages, die Bars sind danach in den Hotels noch offen. Die Busse zum Hotel 2 stehen bereit. Und Hinweis für den nächsten Tag. Frühstück ab 8.00 Uhr, Busshuttle um 9.30 zum Hotel und um 10.00 Uhr beginnt die Tagung. Teilnehmer am Partnerprogramm erinnern, dass sie nicht mehr zwischendurch ins Hotel zurückkommen.
Garderobe	23.00 Uhr 60 Min.	Garderobe Selma, Louise
Wiese vor Hotel	23.00 Uhr 20 Min.	Beginn Feuerwerk Fred: Startzeichen an Firma, wenn alle Gäste draußen sind
	ab 23.00 Uhr	Fred: Anbringen Beschilderung Workshopräume für nächsten Tag Bart, Jerry, Fred: Aufbau Bühne für nächsten Tag siehe Plan-Hotel 2. 4. 98
	ab 23.30 Uhr	Abfahrt der Busse zum Hotel 2

Information ist alles

Versorgen Sie alle Beteiligten eines Projektes mit den Unterlagen und Informationen, die diese benötigen, um ihren Job präzise und perfekt zu erfüllen. Führen Sie regelmäßige und gut vorbereitete Projektbesprechungen durch.

Legen Sie die Kompetenzen fest und geben Sie klare Anweisungen. Gerade bei Einweisungen und Proben ist Kommunikation alles.

Machen Sie sich verständlich. Nehmen Sie lieber ein Mikrofon und auf Rundgängen notfalls ein Megafon mit.

Und vergessen Sie bei Personaleinweisungen die sicherheitsrelevanten Details wie Rettungswege, Notausgänge, Feuerlöscher, Sanitätsdienste und Erste-Hilfe-Kästen nicht.

Das „Wie" der wichtigen Gewerke 7

In diesem letzten Kapitel unserer Praxisbetrachtung geht es um die Gewerke, die besonders wichtig sind, weil sie kommunikativ von großer Bedeutung sind oder aber die Sicherheit der Teilnehmer betreffen.

Haftung und Versicherungen 7.1

Bei Events kommen Menschen zusammen. Das birgt Risiken – ob bei der An- und Abreise oder in Bezug auf die Location. Die Vermieter wälzen mögliche Risiken auf Sie als Veranstalter ab. Deshalb:

Achten Sie unbedingt auf einen ausreichenden Versicherungsschutz. Hier reichen die üblichen Betriebsversicherungen keinesfalls aus.

Lassen Sie sich von einem unabhängigen und im Veranstaltungsgeschäft erfahrenen Makler beraten, der die Gefahren wirklich einschätzen und Ihnen auch die geeigneten Produkte anbieten kann.

Eines der renommiertesten Büros bietet einen sehr guten Online-Service: Eberhard, Raith Partner Assekuranz in München. Eine Empfehlung des German Convention Bureau ist die Hamburger Agentur von Rauchhaupt & Senftleben.

Folgende Versicherungen sind immer ein Muss (Quelle: Eberhard, Raith Partner Assekuranz):

Allgemeine Versicherungen

Veranstalterhaftpflicht

- Personenschäden
- Sachschäden
- Vermögensschäden
- Leitungsschäden
- Tätigkeitsschäden

	■ Brand- und Explosionsschäden an gemieteten Gebäuden ■ Mietsachschäden (ist im Rahmen gesondert zu vereinbaren) ■ Freistellung des Vermieters ■ Umwelthaftpflicht ■ Gabelstapler etc. ■ Auf- und Abbauzeiten
Kurzfristige Elektronikversicherung	■ Ton-, Licht-, Video- und AV-Equipment ■ Fahrlässigkeit, Vorsatz Dritter ■ Kurzschluss, Überspannung ■ Brand, Blitzschlag, Explosion ■ Wasser, Feuchtigkeit, Überschwemmung ■ Einbruchdiebstahl, Diebstahl, Raub, Plünderung, Sabotage ■ Höhere Gewalt ■ Konstruktions-, Material- oder Ausführungsfehler ■ Mobiler Einsatz in Kfz und außerhalb ■ Nachtzeitdeckung in Kfz zwischen 22.00 und 06.00 Uhr

Ob es sinnvoll ist, weitere Versicherungen abzuschließen (siehe unten und nächste Seite), hängt von den spezifischen Bedingungen Ihres jeweiligen Events ab.

Die beste Versicherung darf Sie und Ihre Beauftragten aber nicht von sorgfältigem Vorgehen und Einhalten der Vorschriften abhalten.

Spezielle Versicherungen

Kurzfristige Unfallversicherung für Teilnehmer (Besonders bei Incentives sinnvoll, da die berufsgenossenschaftliche Unfallversicherung bei Teilnehmern, die Mitarbeiter des Veranstalters sind, nicht ausreicht.)	■ Todesfall ■ Invalidität ■ Krankenhaustagegeld ■ Teilnehmer ■ Mitarbeiter der Agentur oder des Veranstalters / Teilnehmer

Kurzfristiger Auslandskrankenschutz (Für alle Länder, mit denen keine Abkommen bestehen, bei denen die gesetzlichen Krankenkassen eintreten.)	▪ Behandlungskosten ▪ Transportkosten ▪ Teilnehmer ▪ Mitarbeiter der Agentur oder des Veranstalters / Teilnehmer
Ausfallversicherung (Muss genau definiert werden.)	▪ Nichtdurchführbarkeit wegen nicht vertretbarer Gründe wie beispielsweise schlechtes Wetter bei Open Air ▪ Nichterscheinen von Künstlern ▪ Katastrophendeckung

Sicherheitsrelevante Vorgänge sollten Sie zudem immer in einem speziellen Protokoll festhalten.

Sicherheitsprotokoll

- Einhaltung von Flucht- und Rettungswegen
- Kontrolle der Offenheit von Fluchttüren
- Anwesenheit des vorgeschriebenen Personals (Bühnen- oder Hallenmeister, Notarzt, Sanitätsdienst ...)
- Einweisung des Personals
- Einhaltung der Vorschriften bei der Technik (doppelte Absicherung bei Traglasten etc.)
- Zugelassene Pyrotechnik

Bei großen Publikumsevents empfiehlt sich, nicht erst seit der Katastrophe von Duisburg, einen so genannten „Crowdmanager" einzubeziehen. Wichtig ist seine oder ihre Erfahrung bei vergleichbaren Events.

7.2 Berücksichtigung von CI, CC und CD

In den folgenden Abschnitten werden die wichtigsten Gewerke behandelt, die die Teilnehmer betreffen. Auch deren Planung ist eine Kommunikationsaufgabe. Deshalb sollten Sie Corporate Identity (CI), Corporate Culture (CC) und Corporate Design (CD) Ihres Unternehmens oder des Veranstalters in alle Aspekte der Inszenierung und die Planung der Gewerke einbeziehen, ob Bühnendesign, Teilnehmermanagement, Hotel oder Einladung. Stimmen Sie diese Tools auf die Philosophie und Gestaltungsrichtlinien des Unternehmens ab. Das verlangt Fingerspitzengefühl, denn Sie wollen ja andererseits auch einen unverkennbaren, individuellen Event schaffen, der nicht mit Logos und Slogans zugepflastert ist.

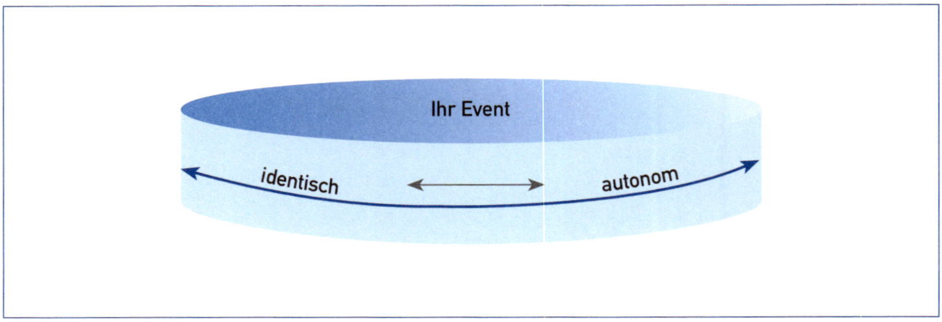

Bezugsstärke zu Corporate Identity, Corporate Culture und Corporate Design

7.3 Regionale Besonderheiten

Andere Länder, andere Sitten. Es fällt nicht immer leicht, sich darauf einzulassen. Vor allem muss man zuerst die Gepflogenheiten kennen, um Fettnäpfchen aus dem Wege gehen zu können. Erkundigen Sie sich frühzeitig bei Dienstleistern und Lieferanten. Gerade wenn es in südliche Länder geht, empfehle ich Ihnen, sich bei dort ansässigen und erfahrenen Landsfrauen und Landsmännern Rat einzuholen.

Die Mentalität ist dabei nur das eine. Wer in Frankreich oder Spanien der Landessprache nicht mächtig ist, kann es schwer haben. Es gibt Länder, in denen ohne Zahlung von Schwarz- oder Bestechungsgeldern nichts läuft. Manchmal halten auch Gruppen, die Sie sonst nur aus Filmen kennen, ihre Hand für Bargeldzahlungen auf. Manchmal bewegt man sich dann scharf am Rande oder schon jenseits der Legalität. In den USA läuft fast nichts ohne Arbeitserlaubnis und gewerkschaftlich organisierte Mitarbeiter. Gehen Sie also nicht blauäugig ans Werk, sondern erkundigen Sie sich vorher sorgfältigst.

7.4 Die Teilnehmer

Ohne Teilnehmer gibt es keinen Event. Vor einem Jahrzehnt war ein Event noch etwas Besonderes. Doch der private Besuch von Shows und Konzerten hat die Menschen hinsichtlich der Effekte und der Stars verwöhnt. Zeit ist knapp geworden. Gutes Essen gehört zum Lifestyle und Australien ist das Standardreiseziel nach dem Abitur. Wie will man da noch potenzielle Teilnehmer ansprechen und für seinen Event gewinnen? Das ist eine Herausforderung, vor der immer mehr Unternehmen als Veranstalter stehen, wenn sie Menschen aus „eventverwöhnten" Zielgruppen einladen.

Sie sollten immer um Ihre Teilnehmer „werben". Sogar bei Mitarbeiterveranstaltungen mit Anwesenheitspflicht sollten Sie sich die Mühe machen, eine positive Ausgangslage zu schaffen. Nehmen Sie Ihre Gäste ernst. Das gilt ganz besonders für kritische Situationen und Themen. Bei Fusionen sind das beispielsweise die Ängste um den Arbeitsplatz.

Terminierung

Stellen Sie sicher, dass die Zielgruppe zu dem beabsichtigten Veranstaltungszeitraum oder Zeitpunkt überhaupt teilnehmen kann. Stimmen Sie den Zeitrahmen daraufhin ab.

Interne Hinderungsgründe

- Produktion
- Projekte
- Inventur
- Messe
- Schulungen

Externe Hinderungsgründe

- Feiertage
- Ferien
- Besondere Ereignisse

Teilnehmerakquise

Inszenieren Sie die Kommunikation gemäß dem späteren Event. Eine Vielzahl von Mitteln und Möglichkeiten steht dafür zur Verfügung. Mangelnde finanzielle Mittel können Sie durch Kreativität ersetzen.

Werbemittel

- Einladung (Print, Mail)
- Online (Inter- oder Intranet)
- Plakat
- Anzeige
- Gimmicks
- TV- und Radiospots
- Aktionen

Bei Public Events, die zusätzlich noch über Eintrittserlöse refinanziert werden müssen, kommen Sie nicht umhin, diese Veranstaltungen effizient zu bewerben.

Public Relations

- Mitarbeitermedien
- Vertriebsmedien
- Kundenmedien
- Printmedien
- TV- und Radiospots
- Online (Inter- oder Intranet)
- Pressemitteilungen
- Pressekonferenz
- Interviews
- Fotos
- Videos
- CD-ROM

Teilnehmereinladung

Bauen Sie frühzeitig Spannung auf. Binden Sie bestehende Medien wie Kunden- oder Mitarbeiterzeitschrift, Business-TV oder Intranet ein.

Schaffen Sie positive Erwartungen durch eine Einladungsdramaturgie. Verwenden Sie überraschende Medien, unkonventionelles Design oder Material. Oder starten Sie Ihre Eventkommunikation als Flüsterpropaganda in der Kantine. Schicken Sie Promotionteams in die Niederlassungen.

Schritte der Teilnehmereinladung

Terminblocker	knackig formuliert mit Motto ■ auf Geschäftspapier ■ als E-Mail ■ als Anruf ■ gestaltet mit Key-Visual oder Event-Logo
Gestaltete Einladung/ Information	■ per Post/Hauspost ■ Motto und Key-Visual ■ Anlass ■ Programm ■ Zeitpunkt und Dauer ■ Ort und Reise ■ Informationen ■ Antwortelement
Erinnerung als Nachfassaktion	■ per Post/Hauspost ■ Fax ■ E-Mail ■ Telefonaktion
Teilnahmebestätigung	■ Information ■ Tipps ■ Kleiderordnung ■ per Post/Hauspost ■ E-Mail ■ Fax
Teilnehmerunterlagen	■ Flugtickets ■ Pläne ■ Informationspakete ■ Reiseführer

Eine gute Dramaturgie baut Spannung auf, indem sie nicht zu viel verrät. Beim eigentlichen Event selbst soll sie sich schließlich noch steigern. Wägen Sie also ab, ob Sie Details wie künstlerische Top-Acts schon in der Einladung ankündigen oder das Geheimnis erst beim Event auflösen.

Vermeiden Sie abgedroschene Phrasen wie „festliche Gala“ oder „interessantes Programm“. Verwenden Sie Worte, die so individuell sind wie Ihr Event. Konvention als

Ausdruck von Höflichkeit und Respekt ist richtig, als Ausdruck von Fantasielosigkeit ist sie langweilig. Und nichts ist schlimmer, als Ihre Gäste zu langweilen.

Teilnehmermanagement

Schon im Vorfeld des Events wollen und müssen die Gäste betreut werden. Sie müssen sich an-, um- oder abmelden und haben Wünsche und Bedürfnisse hinsichtlich An- und Abreise, Hotelunterbringung oder Catering.

Sie können die potenziellen Teilnehmer im Rahmen des Einladungsverfahrens konventionell mit Antwortkarten, Rückfaxformular oder telefonischer Hotline betreuen. Bei Zielgruppen mit einem hohen Anteil an Intra- oder Internetzugang empfiehlt sich heute eine Online-Lösung als Ergänzung oder sogar als Ersatz.

Das Einrichten einer eigenen Event-Homepage ist ein zusätzlicher kommunikativer Kick und erleichtert die Organisation. Es gibt spezielle Dienstleister, die preiswerte, aber standardisierte Pakete anbieten. Gute Eventagenturen gestalten und programmieren individuelle Lösungen, die neben den organisatorischen Anfragen auch Inhalte, neudeutsch „Content", über den Event, Hintergründe, Unterhaltsames und Interaktionsmöglichkeiten enthalten können. Wichtig ist natürlich die Datensicherheit, die Sie über das Einrichten und Vergeben von persönlichen Passwörtern erreichen können. Klären Sie, wie attraktiv oder anfällig Ihr Event für Hacker und Störer ist und sprechen Sie das Thema mit Ihrem Dienstleister durch.

Social Media

Social Media ist ein weiteres Thema heute. Klären Sie schon im Vorfeld, wie affin die Teilnehmer gegenüber Facebook, Twitter und Co. sind. Sind diese Medien sinnvoll und erwünscht, kann man sie vielfältig einsetzen, von der Einladung über die Dauer der eigentlichen Veranstaltung hin bis zur Nacharbeit. Dabei sollte man aber den redaktionellen Aufwand nicht unterschätzen, gerade bei Social Media immer wieder neue und spannende Inhalte zu liefern.

In Listen oder einer Online-Datenbank des Teilnehmermanagements werden nun alle relevanten Details festgelegt.

Teilnehmermanagement

- potenzielle Teilnehmer (Name, Vorname, Titel, Anrede)
- Benutzername, Kennwort
- Firma, Abteilung, Adresse (extern, intern), Postfach, Telefon und Fax, E-Mail
- Partner (ja/nein)
- Anreise mit Zug, Flieger, Bus, eigenem Fahrzeug, Transfers, Limousinenservice, Parkplatz
- Hotel, Hotelzimmer, Sitzordnung

- Nichtraucher/Raucher, Vegetarier oder sonstige Cateringwünsche
- Teilnahme an bestimmten Workshops, Kongressrunden
- Partnerprogramme

Teilnehmerbetreuung

Wirft Ihre Einladung Fragen auf? Falls ja, muss das nicht negativ sein, denn so entsteht Dialog. Organisieren Sie ein Betreuungsteam mit telefonischer Hotline und E-Mail-Adresse. Schulen Sie die Menschen, die mit den potenziellen Teilnehmern kommunizieren, sodass diese kompetent Auskunft geben können. Das kostet natürlich Zeit und Geld und ist somit ein Merkposten für die Budgetkalkulation.

Eine freundliche und kompetente Betreuung ist auch während des Events wichtig. Sie können auf lokale Personaldienstleister zurückgreifen, einen eigenen Hostessen-Pool aufbauen oder eigene Mitarbeiter einsetzen. Es sollte im Zweifelsfall lieber ein Host oder eine Hostess zu viel sein, als im entscheidenden Augenblick die Teilnehmer mit ihrem Problem alleine zu lassen. Lassen Sie Gruppen nie unbegleitet, das gilt sowohl für die Transfers als auch für die Partnerprogramme.

Personal

- Eigener Host-/Hostessenpool oder Personaldienstleister
- Ermittlung des Bedarfs
- Buchung
- Training und Briefing
- Sicherheitseinweisung
- Kleidung
- Ausstattung
- Kommunikation mit Funkgeräten und Handys
- Informationsschalter

Registrierung und Akkreditierung

Neben den logistischen Aspekten wie Festlegung und Kontrolle von Teilnahme- und Zugangsberechtigung ist auch dieses Verfahren pure Kommunikation. Unfreundliches Personal und Warteschlangen erzeugen eine negative Stimmung. Diese müssen Sie dann unter den größten Mühen abbauen, falls es überhaupt gelingt. Vermeidung ist effizienter.

Je einfacher, bequemer und nachvollziehbarer der Akkreditierungsprozess organisiert ist, umso besser für Sie und die Teilnehmer. Stellen Sie besser auch hier eine Person mehr hinter den Counter, die auch mal Däumchen dreht, als dass ein ungeduldiger Gast vor dem Counter durchdreht und schlechte Stimmung verbreitet.

Wo, wie und wie viele Akkreditierungsschalter Sie einrichten, hängt natürlich auch von den räumlichen Gegebenheiten am Veranstaltungsort ab. Manchmal lassen sich bei kleinen Foyers „Flaschenhälse“ nicht vermeiden. Das gilt besonders, wenn eine große

Zahl von Menschen gleichzeitig eintrifft. Aber auch das ist nur eine Frage der Vorbereitung und Logistik. Erstellen Sie die Fahrpläne so, dass die Shuttlebusse beispielsweise zu unterschiedlichen Zeiten eintreffen.

Problematisch wird es oftmals in den Hotels, wenn das der erste Ort ist, den die Teilnehmer betreten. Die beste Logistik nützt nichts, wenn der Check-in Stunden dauert. Sprechen Sie mit dem Hotel, wie Sie das Verfahren abkürzen und vereinfachen können. Vielleicht ist es möglich, die Magnetkarten oder Schlüssel in den bereits geöffneten Zimmern zu deponieren. Das geht aus Sicherheitsgründen oft nur dann, wenn das Hotel exklusiv für Ihre Teilnehmer gebucht ist. In den Staaten, wo das erforderlich ist, können die obligatorischen Meldezettel von den Teilnehmern entweder Zeit sparend im Voraus oder auch erst auf den Zimmern ausgefüllt und von Ihnen oder dem Hotelpersonal eingesammelt werden.

Orientierung

Die Teilnehmer eines Events sind in der Regel ortsfremd. Helfen Sie Ihnen durch eine klare Ausschilderung und informiertes Personal. Gehen Sie die Location oder das Hotel mit den Augen eines Gastes ab. Eine gute Beschilderung ist ebenfalls Kommunikation, erst recht, wenn sich Key-Visual und das Corporate Design des Events bis zum Toilettenschild durchziehen. Vielleicht ist auch ein Gebäude- oder Raumplan bei den Teilnehmerunterlagen hilfreich und angebracht.

Umgang mit dem Thema Behinderung

In der Bundesrepublik ist das Thema Behinderung nicht selbstverständlich. Oft werden die besonderen Erfordernisse und Bedürfnisse vergessen. Bei allen Events sollte dieses Thema frühzeitig angesprochen werden. Leider stellt sich oft heraus, dass viele Hotels nur wenige geeignete Zimmer für Rollstuhlfahrer haben oder an Locations keine Rampen oder Aufzüge vorhanden sind.

Follow-ups

Kein Event endet bereits, wenn der Vorhang fällt. Hier sind Kommunikations- und Erinnerungsansätze möglich. Ob Sie nun ein aufwändiges Erinnerungsvideo produzieren, oder sich mangels Budget andere Maßnahmen ausdenken, das Follow-up gehört zum Event. Wollen Sie Inhalte nachträglich kommunizieren oder Emotionen? Fotos von den Teilnehmern sind relativ preiswert, ein Fotobuch ist einfach produziert. Es empfiehlt sich, gestandene Ball- oder Eventfotografen zu nehmen, die Erfahrung darin haben, dass auch wirklich jeder Gast abgelichtet wird. Oder senden Sie nach einigen Wochen, Monaten, im Sommer oder zu Weihnachten persönliche Ansichtskarten von der Destination, der Location oder vom Event zum Auffrischen positiver Erinnerungen.

Die Produktion eines Event-Videos ist kostenintensiv und aufwändiger. Im Vorfeld sind urheberrechtliche Belange, wie die von auftretenden Künstlern, zu klären und zu regeln.

Weitere Events können ebenfalls ein Follow-up sein. Wenn das Thema des Marketing-Events vertieft werden soll, wie zum Beispiel nach Kick-offs, empfehlen sich Workshops oder regionale Meetings.

Werden Sie nicht penetrant, aber bringen Sie sich und Ihre Botschaft immer wieder in positive Erinnerung. Denn es gilt der Grundsatz: Nach dem Event ist vor dem Event.

7.5 Reisen, Transfers und Transporte

Reisen sind ebenfalls Kommunikation. Nutzen Sie die Zeiten für Aktionen, Informationen und Animationen. Setzen Sie, wo das möglich ist, besondere Verkehrsmittel wie Schiffe, Hightech- oder Oldtimerzüge ein. Mit Bussen, Sonderzügen oder dem Exklusivcharter von Flugzeugen schaffen Sie das Gruppenerlebnis bei der Anreise.

Aktionen und Inszenierung

- Entertainment
- Information über den Event oder die Destination
- Kennenlernaktion
- Besondere Transportmittel wie Nostalgiezüge, Schiffe

Die Anreise sollte zumutbar, sicher und bequem sein. Ist es wirklich notwendig, für 24 oder 48 Stunden in die USA zu jetten? Es gibt Zielgruppen, für die das ein besonderer Kick ist, für Vielflieger ist das bestenfalls Routine, in der Regel aber bedeutet es zusätzlichen Stress. Ein näheres Ziel, bei dem die Lebenspartner ebenfalls eingeladen werden und die Zeit für gemeinsame Aktionen reicht, ist da oftmals attraktiver als der Grand Canyon oder die exotischste Destination im Dschungel von Borneo.

Ihre Ansprechpartner sind Reisebüros mit Firmen- und Gruppenreiseservice, die Bahngesellschaften wie Deutsche Bahn, SBB oder ÖBB, die Betreiber von historischen Zügen und die Fluggesellschaften.

Wenn auf Linienflugstrecken nicht genügend Plätze verfügbar sind, empfiehlt sich ein Exklusivcharter. Das ist oft sogar erstaunlich preiswert und hat verschiedene Vorteile. Die Gruppe bleibt zusammen und Flugzeugtyp, Flughafen und Flugdaten sind nahezu frei wählbar. Hier helfen Ihnen nicht nur die Airlines selbst, sondern auch spezielle Charterbroker. Topführungskräfte dürfen allerdings häufig nicht gemeinsam das gleiche Flugzeug benutzen.

Transfers

Organisieren Sie Transfers so kurz, effektiv und bequem wie möglich. In jeden Bus gehört eine Hostess oder ein Host. Berücksichtigen Sie bei den Zeitplanungen nicht nur mögliche Staus, Baustellen oder Umleitungen, sondern wählen Sie, auch wenn sich dadurch nicht unverhältnismäßige Verzögerungen ergeben, attraktive Routen. So bieten Sie nebenbei noch etwas Sightseeing.

Praxistipp

„Branden" Sie die Busse mit Key-Visuals und Laufschildern, von wo nach wo welcher Bus fährt. Auch auf das Musikprogramm während des Transfers haben Sie Einfluss. Was passt also? Welche Informationen oder Botschaften können Sie vermitteln?

Individuelle An- und Abreise

Bei individueller Anreise mit öffentlichen Verkehrsmitteln empfiehlt es sich, am Flughafen oder Bahnhof einen Welcome-Schalter einzurichten. Oft kann man diese von den Betreibern gegen ein geringes Entgelt mieten.

Wenn die Teilnehmer mit dem eigenen PKW anreisen, sollten Sie aktuelle Anfahrtsbeschreibungen liefern. Prüfen Sie, ob die offizielle Anschrift auch fürs Navi stimmt. Prüfen Sie, ob die Ausschilderung von Hotels oder Location ausreichend ist, oder ob Sie diese ergänzen müssen, was dann auf jeden Fall genehmigungspflichtig ist. Und sorgen Sie selbstverständlich für die ausreichende Anzahl an Parkplätzen.

7.6 Destination

Touristische Destinationen sind wegen ihrer Erreichbarkeit, ihrer Infrastruktur, der Unterbringungskapazitäten und ihrer Attraktivität reizvoll und in diesem Sinne nahe liegend. Leider auch für das Finanzamt. Bei Mitarbeitern als Event-Teilnehmern wird in Bezug auf eine solche Maßnahme ein geldwerter Vorteil gemutmaßt, der dann versteuert werden muss. Wenn die Teilnehmer nachher auf ihren Steuerbescheid schauen, ist die durch den Event oder das Incentive erreichte Motivation ganz schnell wieder weg und schlägt verständlicherweise in Ärger um. Sie müssen auch anhand des Programmes nachweisen, dass die Teilnehmer einen regulären Arbeitstag hatten. Also dann: Acht Stunden harte Workshops unter der Sonne Mallorcas! Trotzdem bleibt es bei touristischen Destinationen schwierig, die Finanzbehörden vom Arbeitscharakter zu überzeugen, denn diese haben bereits alle Tricks kennen gelernt.

Praxistipp

Ersparen Sie Ihren Teilnehmern unliebsame Überraschungen und klären Sie die Versteuerung vorab mit dem Finanzamt ab und handeln Sie eine Pauschalversteuerung durch den Veranstalter aus!

7.7 Hotels

Ein Hotel ist mehr als das Dach über und ein Kissen unter dem Kopf. Berücksichtigen Sie Architektur, Design, Umgebung und Lage als Teil der Inszenierung. Bei sehr knappen Budgets empfiehlt es sich, das Hotel zur Location zu machen. Der Vorteil liegt darin, dass die Infrastruktur in Form von Veranstaltungsräumen, technischer Grundausstattung, Möblierung und Catering vorhanden ist. Alle Hotels bieten für Gruppen preisgünstige Tagungspauschalen an. Nicht jeder Event erfordert die Übernachtung von Teilnehmern oder Akteuren. Ist das aber erforderlich, so sollten Sie das bei der Festlegung der Destination frühzeitig berücksichtigen.

Mögliche Kapazitätsprobleme

- generell keine ausreichende Zimmerkapazität am Ort
- terminlich bedingt nicht ausreichende Zimmerkapazität am Ort, wegen Messen, Großveranstaltungen, Feriensaison
- nicht genügend Zimmer gleichen Standards

Viele Hotels bieten Zimmer unterschiedlicher Standards. Je individueller die Hotels sind, umso krasser fallen diese Differenzen meistens aus. Sind die Kategorien sehr verschieden, müssen Sie abwägen, ob und was Sie den Teilnehmern „zumuten“ können.

Was in Bezug auf Hotels zu beachten ist

Lage	■ City ■ Stadt ■ Randgebiet ■ in der Natur ■ einsam ■ verkehrsgünstig
Anbindung	■ Flughafen ■ Bahnhof ■ öffentlicher Nahverkehr ■ Autobahn ■ Parkplatz

Art	■ Tagungshotel ■ Cityhotel ■ Schlosshotel ■ Sporthotel ■ Luxushotel
Architektur und Design	■ Luxus ■ plüschig/kitschig ■ nüchtern/sachlich
Ausstattung	■ Zimmerzahl ■ Zimmerausstattung (Fax, ISDN und WLAN) ■ Behindertengerechte Einrichtungen ■ Veranstaltungsräume ■ Veranstaltungstechnik ■ Flipcharts und Pinnwände ■ Overheadprojektoren ■ Beamer
Preis	■ Rabatte ■ Tagungspauschalen
Sonstiges	■ Image ■ Bekannter Name und berühmte Geschichte

Preise

Wer nach Preisliste oder den im Zimmer ausgehängten Preisen zahlt, ist selber schuld. Handeln Sie. Geht das bei den Zimmerpreisen nicht, dann fallen die Nebenleistungen vielleicht günstiger aus. Hotels sind meistens nur in den jeweiligen Messezeiten nicht zu Ermäßigungen bereit.

Neben den Gruppenrabatten bieten die Betreiber den Eventagenturen eine Provision, in der Regel sind das zehn Prozent. Die können Sie, aber müssen Sie nicht an den Veranstalter weitergeben.

Regeln von Kostenübernahme

Mögliche Zusatzkosten

- Telefon
- Minibar
- Pay-TV
- Hotelbar
- Sportangebot
- Zimmerservice

Neben Übernachtung und Catering fallen weitere Kosten im Hotel an. Regeln Sie im Voraus verbindlich, ob der Veranstalter oder die Teilnehmer dafür aufkommen und informieren Sie die Gäste darüber.

Reservierung und Exklusivität

Der erste Schritt der Reservierung, vor allem während der Konzeptphase, ist die Option, die für beide Seiten nur bedingt verbindlich ist. Irgendwann besteht das Hotel auf einer verbindlichen Beauftragung. Entweder schließen Sie einen Vertrag ab oder erteilen einen Auftrag. Regeln Sie darin alle Details explizit. Formulierungen wie „Veranstaltungsraum geeigneter Größe“ sollten Sie nicht akzeptieren, denn dann landen Sie im kleinsten und nicht in dem größten Raum, den man Ihnen vorher gezeigt hat. Auch den Standard der gebuchten Zimmer sollten Sie genau fixieren.

Wenn Sie die Veranstaltung dann doch noch absagen müssen, fallen Stornogebühren an. Die Höhe hängt von der Fristigkeit der Stornierung ab: Je kurzfristiger, umso teurer wird es. Auch wenn Sie nur Teilkontingente absagen, können Stornokosten anfallen. Tragen Sie deshalb die Daten zur Kontrolle in Ihre Aufgabenliste ein.

Wenn Sie ein Hotel exklusiv für Ihre Teilnehmer buchen wollen, vereinbaren Sie eindeutig, ob das Hotel berechtigt ist, kurzfristig nicht genutzte Räume trotzdem an Dritte zu vermieten.

7.8 Location

Sie erinnern sich? Der Veranstaltungsort ist ein zentrales Element der Inszenierung und nicht nur ein Raum für eine bestimmte Menge an Menschen. Die Location hat eine zentrale kommunikative Bedeutung. Architektur und Lage sind ebenso wichtig wie Infrastruktur und Service.

So finden Sie die passende Location

1. Recherche
2. Anforderung Informationsmaterial
3. Auswahl und Option
4. Site-Inspections (Besichtigung)
5. Beurteilung
6. Site-Inspections mit Kunden
7. Entscheidung
8. Buchung und Auftragserteilung

Auf Grundlage des Briefings des Kunden oder des Konzeptes können Sie den Raumbedarf qualitativ nach Art und quantitativ nach Menge und Größe der Räume erfassen.

Danach müssen Sie erkunden, ob am potenziellen Veranstaltungsort eine solche Location überhaupt vorhanden ist. Wenn nicht, dann können Sie Ihre gewünschte Location gegebenenfalls auf geeigneten Grundstücken durch Zelte und temporäre Bauten schaffen. Der Aufwand und die Kosten sind allerdings ungleich höher als bei einer festen Location.

Raumanforderungen

Teilnehmer	■ Eventraum oder -räume ■ Workshopräume ■ Ausstellungsfläche ■ Pausenräume ■ Cateringräume ■ Foyer und Empfang ■ Teilnehmergarderoben ■ Veranstaltungsbüros ■ Flure ■ Sanitärräume ■ Parkplätze
Logistik	■ Lagerräume ■ Nebenräume ■ Organisationsbüros ■ Cateringnebenräume ■ Künstlergarderoben ■ Sanitärräume ■ Laderampen ■ Parkplätze
Technik	■ Veranstaltungstechnik ■ Bühne ■ Hängepunkte für Technik ■ Stromanschlüsse
Inszenierung	■ Architektur ■ Design
Verfügbarkeit	■ Veranstaltungsdauer ■ Auf- und Abbau ■ Proben
Kapazität	■ Größe ■ Zugelassene Personenzahl
Kosten	■ Miete ■ Nebenkosten ■ Ablöse

	▪ Stornokosten ▪ Korkgeld
Sicherheit	▪ Teilnehmer ▪ Mitarbeiter ▪ Security
Sonstige	▪ Variabilität ▪ Atmosphäre

Sicherheit

Die Sicherheit aller Teilnehmer sollte nicht erst seit dem 11. September 2001 ein wichtiger Aspekt sein.

- Gibt es potenziell oder konkret gefährdete Teilnehmer wie Spitzenpolitiker, Topunternehmer oder Prominente?
- Ist das Thema des Events so brisant, dass sich daraus besondere Anforderungen ergeben?
- Ist die Zugangsberechtigung zu der Location auch tatsächlich zu kontrollieren?

Quellen für die Locationrecherche

Für die Recherche der passenden Location gibt es eine Reihe von Informationsquellen. Aber das Internet ist das Medium Nummer eins geworden und Google das Tool.
Je enger die Auswahl auch bei der Recherche wird, Sie kommen schließlich um die Besichtigung oder Site-Inspection nicht umhin. Sind Sie dort selbst noch fremd, dann nehmen Sie Ihren Kunden oder Entscheidungsträger erst beim zweiten Besichtigungstermin mit. Diese Vorgehensweise ist jedoch aus Kostengründen nicht immer möglich.

Praxistipp

Nutzen Sie die Familiarity-Trips, zu denen Fremdenverkehrsämter, Destinationen oder Leistungsträger einladen. Verhandeln Sie mit den potenziellen Leistungsträgern wie einem Hotel wegen der Übernahme der Kosten für die Site-Inspection.

Recherchequellen

Handbücher und Websites	www.tagungsplaner.de	Europäische Hotels und Tagungsstätten
	www.intergerma.de	Europäische Hotels und Tagungsstätten

	Event-Locations in Deutschland, IST-Studieninstitut	Deutschland, Österreich, Schweiz
	German Convention Bureau www.gcb.de	Deutsche Hotels und Tagungsstätten
Fachzeitschriften	Event Partner	Deutschland und Europa
	BlachReport	Deutschland und Europa
	LocationReport	
	Convention	International
	CIM	International
	TagungsWirtschaft	International
	FVW-International – Zeitung für die Tourismuswirtschaft	International
	ICJ mice	International
	events, das Meeting & Incentive-Magazin	International
Internetportale	www.locationsscout.de	
	www.eventmanager.de	
	www.eventshop.de	
Messen	World of Events, Wiesbaden www.worldofevents.de	Deutschland und Europa
	Incentive-Jahrmarkt	International
	EIBTM Barcelona www.eibtm.com	International
	IT&CMA Incentive Travel & Conventions, Meetings Asia	International, Asien, Pazifikraum
	World Travel Market, London	International
Institutionen	Fremdenverkehrsämter	
Sonstige	Stadtmagazine	
	Stadtführer	
	Reiseführer	
	Architekturzeitschriften	

Bauliche und betriebliche Sicherheit

In den meisten Ländern gibt es mehr oder weniger strenge Vorschriften, Verordnungen oder Gesetze für den Bau und Betrieb von Versammlungs- oder Veranstaltungsstätten, welche die potenziellen Teilnehmer schützen. Unfallverhütungsvorschriften regeln die Sicherheit der Mitarbeiter. Auch wenn in der Europäischen Gemeinschaft über eine einheitliche Regelung verhandelt wird, gibt es diese leider noch nicht. Selbst in Deutschland und Österreich sind die Vorschriften und Gesetze in jedem Bundesland unterschiedlich geregelt und werden lokal dann auch noch unterschiedlich ausgelegt.

Minimale Grundkenntnisse müssen Sie schon haben. Deshalb ist die erste Frage in einer Location, was unter Sicherheitsaspekten zu beachten ist. Falls etwas passiert, wird man ganz schnell überprüfen, inwieweit Sie als Veranstalter oder als dessen Beauftragter eine Mitschuld tragen.

Unwissenheit schützt nicht vor Strafe!

In Deutschland gehört die Muster-Versammlungsstättenverordnung zur Pflichtlektüre, in Österreich sind es die Veranstaltungsstättengesetze. Dazu kommen die jeweiligen Arbeitsschutz- und Unfallverhütungsvorschriften. Sprechen Sie offen mit dem Partner auf der Locationseite sowie den Dekorateuren, Bühnenbauern und mit den Technikfirmen über dieses Thema.

Beachten von Sicherheitsvorschriften

- Rettungswege
- Fluchtwege
- Notbeleuchtung
- Fluchttüren müssen offen sein
- Bestuhlung und Betischung
- Brandschutz
- Tragfähigkeit von Böden und Podesten
- Einbringen von Kulissen und Bühnenbau
- Abnahme von Zelten, mobilen Bühnen und Tribünen
- Sicherheit von eingebrachten Lasten wie Rigging, Scheinwerfer, Lautsprecher
- Anwesenheit von geschultem Personal (Hallenmeister, Bühnenmeister)

Unabhängig von Bestuhlung und Betischung müssen Fluchtwege mindestens 1,20 Meter breit und je 200 Teilnehmer vorhanden sein. Sie müssen auch im Notfall, also bei Stromausfall, ausgeleuchtet und gekennzeichnet sein. Der weiteste Weg zum Notausgang darf nicht mehr als 30 Meter betragen.

Bestuhlung und Betischung

Es gibt für die Platzierung der Teilnehmer verschiedene Konventionen und Bestuhlungsvarianten. Welche die richtige ist, hängt vom Event, der Teilnehmerzahl und der Location ab. Die Versammlungsstättenverordnung und Veranstaltungsgesetze schieben der ausufernden Fantasie aber einen gewissen Riegel vor. In vielen Locations gelten nämlich festgelegte Bestuhlungspläne. Abweichungen müssen von den zuständigen Behörden speziell abgenommen werden.

Auch die Sitzordnung ist Kommunikation. Es lassen sich damit Offenheit oder Hierarchien ausdrücken.

Bestuhlung und Betischung
- Sicherheitsanforderungen/Fluchtwege
- Teilnehmerzahl
- Inszenatorische Erfordernisse
- Kommunikative Erfordernisse
- Catering
- Sicht- und Projektionsverhältnisse

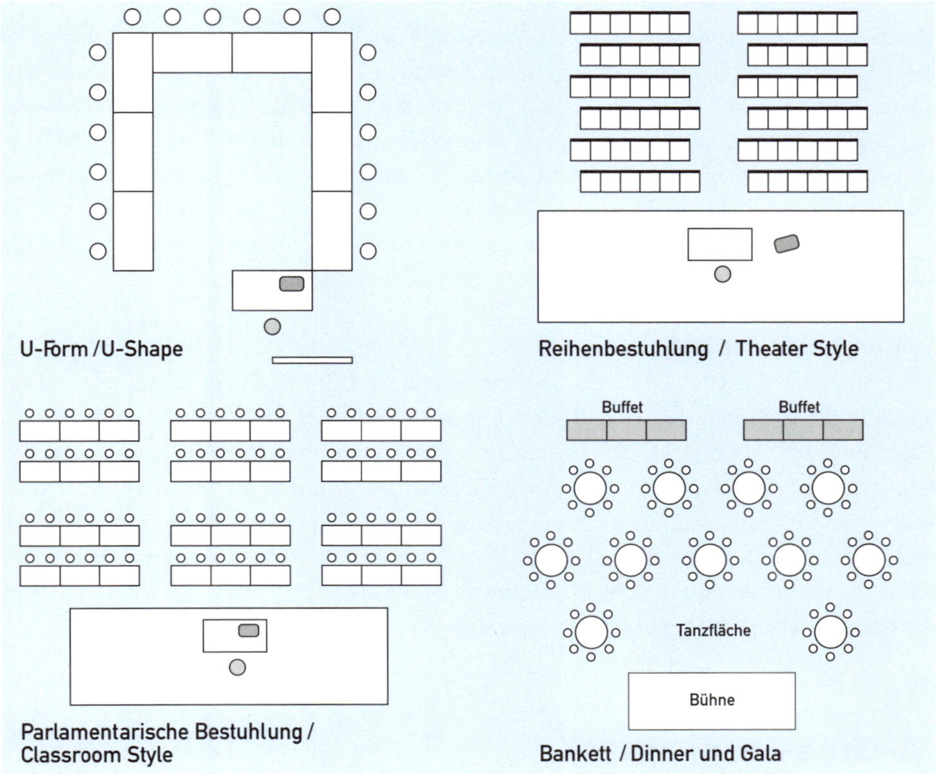

Bestuhlungsformen

U-Form/U-Shape

Für Workshops bietet sich die U-Form an, da alle Teilnehmer sich ansehen können und der Referent oder Moderator auch in das U treten kann, um so einen unmittelbaren Kontakt herzustellen. Diese Variante ist aber nur für eine kleine Zahl von Teilnehmern geeignet, da der innere Teil des Us viel Fläche beansprucht.

Reihenbestuhlung/Theater Style

Für große bis sehr große Teilnehmerzahlen kommt nur die Reihenbestuhlung in Betracht. Um die Sichtbarkeit von Projektionen und Bühnen zu verbessern, sollten Sie die

Reihen immer versetzt bestuhlen. Das sieht zwar an den Rändern nicht so ordentlich aus, hat aber Vorteile für die Teilnehmer, die nicht auf einen breiten Rücken, sondern zwischen den Schultern der Vordermänner und Vorderfrauen hindurchschauen können.

Hier die wichtigsten Vorschriften aus der Muster-Versammlungsstättenverordnung für die Reihenbestuhlung: Zwischen zwei Fluchtwegen dürfen nie mehr als 20 Stühle nebeneinanderstehen, die immer fest miteinander verbunden sein müssen. Die minimale Durchgangsbreite zwischen den Reihen darf 40 cm nicht unterschreiten. Der Abstand von Stuhllehne zu Lehne muss mindestens 100 cm breit sein.

Parlamentarische Bestuhlung/Classroom Style

Wenn die Teilnehmer mitschreiben müssen und bei mittleren bis großen Gruppen ist diese Variante sehr beliebt. Wahrscheinlich besonders bei den Betreibern, weil man dann Tagungsgetränke auf die Tische stellen kann, die wieder berechnet werden können. Der Nachteil liegt aus meiner Sicht in einer sehr steifen Kommunikationswirkung. Bei langen Arbeitstagungen mit vielen Unterlagen ist die Form sicher angebracht. Aber sie nimmt sehr viel Platz ein und schafft Distanz.

Eine Reihenbestuhlung und ein Klemmbrett zum Mitschreiben, das gleichzeitig als Give-away dient, ist eine kommunikationsfreundlichere Alternative.

Bankett/Dinner und Gala

Für festliche Anlässe ist die Bankett-Bestuhlung die angemessene Form. Auch bei dieser Variante hängt es von den Details ab. Gibt es ein serviertes Menü oder ein Buffet, das Platz im Raum wegnimmt? Wird getanzt und wo ist dann die Tanzfläche am sinnvollsten, zwischen den Gästen oder vor der Bühne? In Bezug auf die Anordnung der Tische sollten Sie nicht nur auf ausreichenden Platz für den Service achten, sondern auch darauf, dass kein Sitzplatz weiter als zehn Meter vom nächsten Fluchtweg entfernt ist. Der Abstand von Tischkante zu Tischkante muss mindestens 1,50 Meter sein. Das schreibt die Muster-Versammlungsstättenverordnung vor.

7.9 Akteure und Künstler

Künstler erhalten für ihre Leistung ein Honorar, womit der Respekt aber noch nicht abgegolten sein sollte. Neben den inszenatorischen Erfordernissen gibt es auch einige zentrale organisatorische Aspekte, die zu beachten sind.

Künstler finden Sie in Handbüchern, Fachzeitschriften, bei Künstleragenturen, im Internet, auf Fachmessen mit Showcases, auf der Bühne oder im Fernsehen.

Wenn Sie einen Künstler verbindlich buchen, sollten Sie einen Vertrag abschließen. Der wird meist vom Künstler oder seiner Agentur geliefert. Wie bei einem Ehevertrag regelt er Rechte und Pflichten vor allem für die Zeiten, in denen es bei bester Absicht dann vielleicht doch Streit gibt. Bei ausländischen freiberuflichen Künstlern ist gegebenenfalls eine Arbeitserlaubnis beim zuständigen Arbeitsamt einzuholen.

Inhalte des Künstlervertrages

- Vertragspartner (Künstler und Veranstalter)
- Vertragsgegenstand (Stück, Show, Auftritt, Besetzung)
- Auftrittsort, Dauer und Zeit, Probezeiten, Ankunftszeit
- Gage und Nebenkosten, Urheberrecht, Ausländersteuer, Künstlersozialkasse
- Regelung bei Nichterfüllung durch Künstler (Vertragsstrafe)
- Regelung bei Nichterfüllung durch Veranstalter (Vertragsstrafe)
- Kündigung und Rücktrittsrecht
- Sonstiges: Technikanweisungen, Catering, Künstlergarderobe, Reise, Regiepläne

Vertragsstrafen bei Nichterscheinen des Künstlers oder bei Undurchführbarkeit des Acts wegen Schlamperei des Veranstalters sollten angemessen sein, sonst sind sie ohnehin sittenwidrig. Üblich ist die Höhe der Gage.

Wählen Sie die Akteure, Künstler und Programme also schon im Vorfeld auf das Sorgfältigste aus.

Auch wenn der Act dem Kunden nicht gefallen hat, wird trotzdem die Gage fällig.

Das ist ein weites, juristisches Feld, denn Geschmack und künstlerische Qualität sind nicht justiziabel.

Briefen Sie die Akteure und Künstler so ausführlich, dass deren Auftritt perfekt wird.

Technik 7.10

Veranstaltungstechnik ist nicht Selbstzweck, sondern dient der Kommunikation. Dosieren Sie den Einsatz nach dem Grundsatz, nur so viel Technik wie nötig einzusetzen. Verzichten Sie auf den effekthascherischen Overkill. Im Theater ist die Technik meistenteils unsichtbar.

Bei Events ist der Aufwand des „Versteckens“ dagegen zu groß, also setzen Sie die Gerüste, Traversen und Scheinwerfer als Deko-Element ein. Die bunten Eventfotos in den Fachzeitschriften oder Imagebroschüren der Eventagenturen offenbaren hier meistens wenig Geschick. Die ästhetische Anmutung ähnelt sich bis zur Austauschbarkeit.

Wenn Sie eine Technikfirma recherchieren, klären Sie auf jeden Fall deren Kompetenz ab.

Auswahl Technik

- Erfahrung mit Umfang und Qualität des Auftrags
- Topmaterial
- Qualifiziertes Personal

Bei großen, komplexen Jobs werden Sie um Ausschreibungen nicht herumkommen. Die Einkaufsabteilungen der Konzerne verlangen das aus Kostengründen. Der billigste Anbieter ist hingegen nicht immer auch der beste.

Bei der Innovationsfreude in der Veranstaltungstechnik kann man als Eventmanager in den Details nicht auf dem Laufenden bleiben. Da bewährt sich die Zusammenarbeit mit freien technischen Projektleitern. Diese sollten allerdings nicht zu sehr mit einem der Anbieter verbandelt sein.

Die Anbieter finden Sie in den Event- und Technikfachzeitschriften. Und auf den Leitmessen Showtech in Berlin und/oder ProLight + Sound in Frankfurt am Main.

Auch die Technikdienstleister sind auf Ihre gründlichen Informationen und sorgfältigen Briefings angewiesen. Beziehen Sie diese Spezialisten frühzeitig in Konzeption und Planung ein.

8 Nach dem Event: Die Erfolgskontrolle

Jeder will sie. Viele sprechen davon und einige denken ernsthaft darüber nach. Es gibt leider immer noch wenige überzeugende Methoden für die Erfolgsmessung oder Erfolgskontrolle. Das Problem liegt in der Methodenwahl. Die Tools der klassischen Werbung sind weder einfach auf die Live-Kommunikation übertragbar, noch sind sie unumstritten. Also müssen eigene Ansätze entwickelt werden. Rein operative Parameter aus der Eventorganisation wie die Teilnehmerbefragung mit Fragen wie „Waren Sie mit der Organisation zufrieden?“ reichen nicht aus. Zudem ist der Blickwinkel des veranstaltenden Unternehmens oder der beauftragten Agentur zu subjektiv.

Quantitative Ziele wie das Erreichen von Besucherzahlen, mediale Reichweitenkontakte, das Generieren von Adressen oder der unmittelbare Abverkauf lassen sich relativ leicht überprüfen, wenn vorab realistische Ziele vereinbart wurden. Bei Messen oder Promotions ist das Standard. Aber viele Events haben „weiche“ Ziele. Wie kann man Motivation messen? Wie aussagekräftig ist die unmittelbare Begeisterung nach dem Lauf über glühende Kohlen oder dem gemeinsamen tausendstimmigen Commitment-Song? Wie sieht es mit der Wirkung aus, wenn der Feuerläufer oder Sänger zum grauen Arbeitsalltag am Schreibtisch zurückgekehrt ist?

Weiche Event-Ziele lassen sich kaum mit einmaligen und kurzfristigen Maßnahmen erreichen. Die tollste Stimmung hält nicht an, wenn die Mitarbeiter nach einem begeisternden Fusionsevent die Kündigung erhalten.

Die Schweizer MCI-Group hat zusammen mit der Marketing-Agentur Reflection Marketing den Eventflector® als Evaluationsstrategie vorgestellt. Hiermit lässt sich auch der Return on Investment bewerten (www.mci-group.com). Gemessen wird anhand von sechs Themen und über 100 Kriterien. Die Resultate zeigen dem Marketing-Management und der Event-Projektleitung auf, ob die Event-Ziele wirklich erreicht werden, wie effektiv das Kosten-Nutzen-Verhältnis ist und was der Event aus Marketing- und Brand-Sicht effektiv bringt. Es gibt drei Stufen, vom pragmatischen Quick-Check bis hin zum individuellen Special-Check. Beurteilt und abgefragt werden Zielgruppe, Marketing- und Kundenseite sowie die Eventspezialisten.

Egal wie Sie den Erfolg Ihres Events messen und bewerten wollen, müssen Sie im Vorfeld klare und realistische Ziele definieren.

Was messen?
Definieren Sie Ihre kommunikativen Ziele, die quantitativen und qualitativen.

Handelt es sich um einfache Fragen zur Zufriedenheit der Besucher oder um die Wirkung komplexer Zusammenhänge wie Identifikation mit dem Unternehmen, Motivationsstand, Imagewerte oder Fragen zur Marke?

Wer misst?
Kann das eigene Unternehmen oder die Agentur objektiv messen? Sind die Kapazitäten, die Methoden und die Kompetenz vorhanden, eine Evaluation durchzuführen und auszuwerten? Oder muss ein unabhängiges Marktforschungsinstitut hinzugezogen werden?

Wann wird gemessen?
Reicht eine unmittelbare Befragung zum Schluss des Events oder auf dem Messestand? Oder wollen Sie auch die Nachhaltigkeit ermitteln? Dazu müssen Sie festlegen, wie lange die Kommunikationswirkung halten soll. Wann ist also der richtige Zeitpunkt für eine Befragung?

Dabei kann es sinnvoll sein, schon vor dem Event bestimmte Parameter durch Interviews oder Fokusgruppen mit ausgewählten potenziellen Teilnehmern durchzuführen, um bei der späteren Befragung überhaupt Vergleichsmöglichkeiten zu haben.

Wie wird gemessen?
Eine Befragung kann durch Interviewer live und telefonisch durchgeführt werden. Die Antwortquote ist erfahrungsgemäß hoch. Versendete Fragebögen, vor allem, wenn das Ausfüllen länger als 15 Minuten dauert, werden dagegen weniger Akzeptanz finden.

Wenn die Zielgruppe durch Intranet oder Internet vernetzt ist, kann die Befragung auch online stattfinden. Hier ist die Reply-Quote wieder höher, aber länger als 15 Minuten sollte die Beantwortung auch hier nicht in Anspruch nehmen.

Die Fragebögen müssen eindeutig formuliert und übersichtlich gestaltet sein.
Es empfiehlt sich auch, die Verlosung eines Preises als Motivationsanreiz auszuloben.

Wie wird ausgewertet?
Nach der rein statistischen Auszählung müssen Sie die Ergebnisse interpretieren, bewerten und aufbereiten.

Was ist Ihnen die Evaluierung wert?
Sie sollten natürlich die benötigten Mittel für die Erfolgskontrolle ins Budget einkalkulieren. Mit einem vierstelligen Euro-Betrag müssen Sie schon rechnen.

Erfolgskontrolle

Was waren die Ziele?	▪ quantitativ ▪ qualitativ
Wie waren die Maßnahmen?	▪ angemessen ▪ effektiv
Welche Parameter sind wichtig?	▪ Motivation ▪ Inhalte ▪ Kurzfristigkeit ▪ Langfristigkeit
Auswertung von Zahlen	▪ Teilnehmer ▪ Absatz
Teilnehmerbefragung	▪ alle Teilnehmer ▪ repräsentative Auswahl ▪ spezielle Auswahl ▪ Interview ▪ Fragebogen
Zeitpunkt	▪ vor dem Event ▪ während des Events ▪ nach dem Event

Der Lehrstuhl von Prof. Cornelia Zanger an der Technischen Universität Chemnitz beschäftigt sich mit dem Thema Evaluation (www.tu-chemnitz.de/wirtschaft/bwl2).

Erfolgsmessung von Events als Dienstleistung bietet der Verlag des BlachReports (www.eventresearch-online.de).

Mögliche Fragen für einen Feedbackbogen der Teilnehmer

- Was versprechen Sie sich beruflich/geschäftlich von dem Event?
- Was wird die Veranstaltung für Sie persönlich ändern?
- Was haben Sie vermisst?
- Was fanden Sie gut?
- Wie gefiel Ihnen der Veranstaltungsort?
- Wie gefiel Ihnen das Hotel?
- Wie gefiel Ihnen die Verpflegung?
- Wie gefiel Ihnen das Programm?
- Wie gefiel Ihnen die Organisation?
- Wie gefiel Ihnen die Betreuung?

Teil III

Dramaturgie und Inszenierung

III

Auf den bisherigen Seiten habe ich versucht, Ihnen so detailliert wie möglich das handwerkliche Rüstzeug zur Gestaltung von Events darzustellen. Von der begrifflichen Definition über alle zu beachtenden Fragen der Organisation bis hin zur Nachbereitung und den Fragen der Evaluation. Zwei wesentliche Elemente fehlen aber noch, das, was Ihren Event absolut einmalig und unverwechselbar macht, quasi die Königsdisziplin bei der Eventgestaltung – die Dramaturgie und Inszenierung. Bewusst steht dieses Kapitel am Ende, denn hier geht es um mehr als Handwerk – hier greift Ihre Inspiration Raum und manifestiert sich.

Wie gestaltet man die Inhalte von Events?

E

Dramaturgie und Inszenierung konkretisieren die Idee, geben ihr eine Struktur und eine Form. Sie sind noch Teil der Konzeptphase, denn hier finden sich die ersten Aussagen zu Ablauf oder Programm. Und sie sind schon Teil der Umsetzung, da es um handfeste Festlegungen wie Bühnenbild oder Lichtdesign geht.

Theater hat Zeit. Die Dramaturgie eines Stückes kann im Laufe eines Probenprozesses infrage gestellt, geändert oder verworfen werden. Schauspieler können sich schrittweise an die szenischen Mittel gewöhnen, mit ihnen spielen, sie ausprobieren.

Beim Marketing-Event gibt es zwar attraktive Budgets, von denen Theatermacher manchmal nur träumen können, dafür aber selten genug Zeit. Keine angemietete Location oder Technik samt Technikern steht wie ein Schauspielhaus ständig mit seinem Personal und seiner Infrastruktur zur Verfügung. Umso wichtiger ist die Beschäftigung mit den Möglichkeiten von Dramaturgie und Inszenierung, da selbst früh erkannte Fehler kaum noch wettgemacht werden können.

Dramaturgie versus Inszenierung

- Dramaturgie beschäftigt sich mit der Struktur, der abstrakten Form, mit Bauformen, Handlung, Motiven, Figuren, Spannung und Entwicklung.
- Inszenierung ist die konkrete Form und umfasst die szenischen Mittel wie Protagonisten, Darstellungsart, Bühne und Raum, Veranstaltungstechnik oder Medien.

Die Ebenen von Dramaturgie und Inszenierung

1 Das „Wie" der Dramaturgie

Wie oft haben Sie sich schon bei einem Event gelangweilt? Gab es vorhersehbare Wendungen, sich endlos ziehende Beiträge oder holprige Überleitungen? Dramaturgie betrifft die zwei Ebenen eines Theaterstücks ebenso wie die eines Events: die äußere und innere Bauform.

1.1 Die äußere Bauform

Ein Klumpen Ton ist nur dann mehr als ein Klumpen Ton, wenn ein Künstler ihm eine Form gibt. Die kann konkret und figural, aber auch abstrakt oder amorph sein. Und so ist es auch beim Event. Erst Fixpunkte und Struktur machen eine Veranstaltung zum Event.

Offene Form

Es gibt die offene Form, die Sie häufig bei Marketing-Events vorfinden, wie etwa die Nummerndramaturgie. Einzelne Acts wechseln sich wie beim Varieté ab und werden nur durch ein allgemeines Thema und mehr oder weniger geschickte Überleitungen in einem Spannungsbogen zusammengehalten.

Beispiel für eine Nummerndramaturgie (Produkteinführung)

1. Begrüßung durch die Geschäftsführerin
2. Anmoderation
3. Einstimmungsvideo
4. Moderation
5. Statement des Produktmanagers
6. Produktvideo
7. Moderation
8. Statement des Marketingmanagers
9. Show-Act Produktvorteile
10. Moderation
11. Statement der Vertriebsleiterin
12. Imagevideo
13. Talkrunde mit allen Beteiligten
14. Finale mit Show-Act
15. Anschließende Party

Geschlossene Form

Die geschlossene Form bedient sich der Einteilung in Akte oder Aufzüge. Das sind größere Abschnitte, die Zäsuren im Ablauf eines Geschehens setzen.

Beispiel für eine Einteilung in Akte (Jubiläumsveranstaltung)

- 1. Akt Vergangenheit
- 2. Akt Gegenwart
- 3. Akt Zukunft

Egal, ob Sie sich für eine Nummerndramaturgie oder den Jubiläumsdreiakter entscheiden, Sie müssen gekonnt mit der Zeit umgehen, damit keine Langeweile entsteht. Versuchen Sie, sich klarzumachen, welche Dauer jeder einzelne Programmpunkt benötigt, um seinen Inhalt zu vermitteln und die gewünschte Wirkung zu erzielen.

Was verhält sich wie zu wem?

Die einzelnen Beiträge müssen ausgewogen aufeinander abgestimmt sein, sonst besteht die Gefahr, dass beispielsweise eine aufwändig erzeugte Emotion wirkungslos verpufft oder sich Effekte gegenseitig aufheben.

Insbesondere zu bedenken ist

- die Länge der einzelnen Beiträge an sich und im Verhältnis zueinander,
- Intensität und Spannung in sich und im Vergleich zu den anderen Programmpunkten,
- Tempo und Rhythmus an sich und im Gesamten.

Die Zeit

Ein Event hat zwei Zeitebenen. Die objektive Zeit ist die reale Veranstaltungsdauer. Allein die subjektive Zeit, also das Zeitempfinden des Publikums, ist beeinflussbar.

Mit dem Zeitraffer können Sie Ihr Publikum die 150 Jahre einer Unternehmensgeschichte in einer einzigen kurzweiligen Stunde erleben lassen. Aber auch die Zeitlupe ist interessant. Gerade in der Industrie gibt es Prozesse, die extrem wichtig sind, aber nur Sekunden oder Bruchteile dauern. Nicht nur filmisch, sondern auch live lässt sich die Zeit so verzögern, dass ein noch so schneller und komplizierter Prozess in einer Performance nachvollziehbar wird.

Die Dynamik

Noch etwas ist für das Erzeugen von Spannung unabdingbar: die Dynamik. Wenn eine Achterbahnfahrt nicht aufhört, wird sie zum Horror. Und so ist es auch mit der Spannung. Gerade durch den Gegensatz von Spannung und Entspannung, von laut und leise, fragil und heftig, wenig und viel lässt sich Spannung erst erzeugen.

Der Filmproduzent Jack Warner gab Drehbuchautoren den klugen Tipp, ihren Film mit einem Erdbeben anzufangen und sich dann langsam zu steigern. Den Hinweis sollten Sie aber nicht missverstehen. Geben Sie Ihrem Publikum die Gelegenheit sich von großen Effekten zu erholen und diese zu verarbeiten. Schaffen Sie einen Rhythmus von wiederkehrender Anspannung und Entspannung, der sich während des Events dynamisch steigert.

Die Pause ist nicht nur die Abwesenheit von Programm, weil szenische Umbauten das beispielsweise erzwingen, sondern sie ist Teil des Rhythmus. Ob in den Überleitungen einer Nummerndramaturgie oder als Pause zwischen den Akten, wenn sie Handlungsstränge oder Themenblöcke trennt.

1.2 Die innere Bauform

Das Thema Spannung begleitet uns auch beim zweiten Aspekt der Dramaturgie. Der Literaturkritiker Marcel Reich-Ranicki findet Bücher dann ergötzlich, wenn sie eine Entwicklung haben, sich also etwas verändert. Das kann über den äußeren Handlungsverlauf geschehen, aber auch über die innerliche Veränderung von Figuren. Also erzählen Sie bei Ihrem nächsten Event eine Geschichte und etablieren Sie dazu passende Figuren.

Dazu brauchen Sie nur wenige dramaturgische Zutaten:

Die dramaturgischen Zutaten

- Wer? oder die Figuren
- Warum? oder die Motive der Figuren
- Was? oder die Handlung der Geschichte
- Wie? oder die Entwicklung der Figuren und Handlung

Machen Sie Ihre Auftakttagung zum Beispiel zur Entdeckungsreise, die Akteure zu den entsprechenden Figuren, den Vorstandsvorsitzenden zu Kolumbus, die Mitarbeiter zur Schiffsbesatzung und die Kunden zu Indianern, die es zu entdecken gilt.

- Was sind die Motive der Mitarbeiter, erfolgreich zu verkaufen?
- Warum kaufen die Kunden und wie kaufen sie mehr?
- Kann man das mit der Analogie unterhaltend erzählen?

Besseres Verständnis von Kunden macht die Mitarbeiter erfolgreich. Also rotten Sie diesmal die Indianer nicht aus, sondern versuchen Sie die friedliche wie erfolgreiche Koexistenz. So trivial das Beispiel auf den ersten Blick scheint, so einfach ist es möglich, mit einem Marketing-Event eine Geschichte zu erzählen und eine nachhaltige Wirkung zu erzielen.

Die klassische Dramaturgie

Theater ist eine seit Jahrtausenden entwickelte und bewährte Kunstform. In der klassischen Dramaturgie liegt ein Erfahrungsschatz und Kenntnisreichtum, aus dem Sie schöpfen können.

Die Dramaturgie eines Marketing-Events besteht oft aus der Einstimmung, führt schnell auf einen Höhepunkt zu und dann wird auch schon gefeiert. Es ist wie beim Essen. Wenn man gehörig Appetit entwickelt hat, kann es schön sein, schnell satt zu werden. Aber wenn Sie sich noch nach Jahren an ein stilvoll ausgerichtetes Dinner erinnern, das Sie genießerisch zelebriert haben, war das Erlebnis subtiler! Erfolgreiche Filme funktionieren ebenfalls nach diesem Prinzip.

Klassische Dramaturgie

1. Die Einführung/Exposition
2. Steigerung der Verwicklung
3. Höhepunkt
4. Umschwung
5. Lösung (Katastrophe bei der Tragödie)

Ein perfektes Beispiel für diese Abfolge ist der Film „Notting Hill". In der Exposition wird die Ausgangslage durch den Ich-Erzähler und Hauptakteur, den nicht gerade erfolgreichen Buchhändler William Thacker, beschrieben. Er begegnet plötzlich dem Filmstar Anna Scott. Beide verlieben sich ineinander, aber das ist, da sie in zwei völlig verschiedenen Welten leben, nicht einfach. Dann kommt es endlich zum Höhepunkt: Beide verbringen die erste Nacht miteinander. Beim Marketing-Event wäre jetzt Schluss.

Im Film trennen sich aber beide wieder. Und die zweite Hälfte beschäftigt sich nun damit, wie sie doch wieder zusammenfinden. Erst nach etlichen Verwicklungen, bei denen die Zuschauer so richtig mitleiden, kommt es zum ersehnten Happyend als Lösung.

Diese Dramaturgie lässt sich nicht immer auf Marketing-Events übertragen, aber warum experimentieren Sie nicht mit ihr?

Ein Beispiel

Stellen Sie sich die Einführung eines Fahrzeugs mit neuem Wasserstoffantrieb und Brennstoffzellen vor. Konventionell wäre es, als Exposition die Herausforderung kurz zu schildern: Die Entwicklungsabteilung zeigt im Video ihre Arbeit. Der Vertriebschef hält eine Rede. Dann wird als Höhepunkt das Produkt von Tänzern und Lichteffekten umrahmt in die Halle gefahren. Das kommt Ihnen bekannt vor?

Seien Sie unkonventionell. Erzählen Sie die ganze Entstehungsgeschichte, auch die Probleme. Als Exposition erläutert ein Umweltschützer von Greenpeace die Probleme, die durch herkömmliche Verbrennungsmotoren entstehen. Dann wird ein Video gezeigt, in dem die früheren gescheiterten Ansätze umweltfreundlicherer Motoren gezeigt werden. Dann kommt der Höhepunkt. Der Chefentwickler tritt live auf und zeigt die Konstruktionsskizzen, Computeranimationen und Modelle.

Doch dann weist er auf ein Problem hin. Wie in ein schön designtes Auto die riesige Brennstoffzelle einbauen? Dieser Umschwung wird durch Slapstickszenen verdeutlicht.

Jetzt treten weitere Ingenieure live auf, die in einer Talkrunde das Problem diskutieren und die Problemlösung noch einmal live nachvollziehen.

Und dann erst wird zum Finale das neue Fahrzeug hereingefahren.

Durch die ehrliche Darstellung des Problems und seiner Lösung wird die eigentliche Leistung noch bedeutender, der Event spannender. Das Event-Ziel lässt sich wirksamer und nachhaltiger erreichen. Authentizität wirkt tiefer als Bombast und Kitsch. Es gibt immer mehr Wege der Dramaturgie und Inszenierung, als uns die Konvention träumen lässt.

1.2.2 Dramaturgische Finessen

Zaubern wie in Hollywood-Filmen mit ihren aufwändigen Tricks können wir nicht, aber auch wir können mit einem Live-Erlebnis bezaubern.

In Musik und Literatur finden sich viele Beispiele, wie erzählt werden kann.

- Chronologisch oder umgekehrt chronologisch
- Rahmenhandlung
- Rezitativ und Arie
- Dialektik

Chronologisch oder umgekehrt chronologisch
Für einen Jubiläumsevent bedeutet eine chronologische Erzählreihenfolge: Vergangenheit, Gegenwart und Zukunft des Unternehmens. Für eine Produkteinführung kann das so aussehen: Forschung und Entwicklung des Produktes in der Vergangenheit, seine Einführung in der Gegenwart und seine Zukunft im Markt.

Im Rahmen der umgekehrten Chronologie beginnen Sie in einer viel versprechenden Zukunft und gehen dann zurück zu dem Zeitpunkt, an dem alles begonnen hat. Der Vorteil dieser Variante liegt darin, dass Sie die Konvention und die Erwartungshaltung der Teilnehmer durchbrechen. Spannung entsteht, weil sie erfahren wollen, wie das Produkt seine Marktanteile hat gewinnen können.

Rahmenhandlung
Ob Agentenstory, Dreharbeiten zu einem Film oder Entdeckungsreise, Geschichte und Kunst bieten eine Fülle von Inspirationen für mögliche Rahmenhandlungen.

Rezitativ und Arie
In der Oper ist das Rezitativ der Träger der Handlung und die Arie ist Träger der Gefühle. Für einen Marketing-Event bedeutet das: Durchsetzen Sie den thematischen informativen Teil mit emotionalen Einheiten!

Dialektik
Lassen Sie Meinungen pro und kontra aufeinanderprallen. Fördern Sie die Diskussion. Das erzeugt Spannung. Sie können den Schlagabtausch frei und authentisch oder gesteuert und inszeniert ablaufen lassen. Gewährleisten Sie durch eine kluge Auswahl von inhaltlichen Beiträgen und verbalen Streitern, dass nach These und Antithese am Schluss die Synthese steht und Sie Ihre Kommunikationsziele sicher erreichen.

Ganzheitliche Spannung 1.2.3

Ein Event beginnt nicht erst, wenn sich der Vorhang hebt oder das Publikum die Location betritt. Bauen Sie schon im Vorfeld durch eine Einladungsstrategie Spannung auf. Leiten Sie diese von den Zielen, der Idee und dem Charakter der Veranstaltung ab. Denn alles ist Kommunikation!

Nutzen Sie die verschiedenen Möglichkeiten von der flotten E-Mail über witzige Vorab-Give-aways, konventionell gedruckte Einladungen oder eigens inszenierte Flüsterpropaganda: Was überrascht die potenziellen Teilnehmer auf angenehme Weise? So schaffen Sie eine positive Erwartungshaltung und bereiten eine ideale Atmosphäre für den eigentlichen Event vor.

Lassen Sie die Spannung auch nach der Veranstaltung nicht abreißen. Follow-ups wie der Versand einer Dokumentation tragen zur nachhaltigen Verankerung Ihrer Botschaft bei Ihrer Zielgruppe bei. Auch hier gilt: Überraschen Sie positiv. Schaffen Sie eine Event-Community auf einer eigens eingerichteten Homepage, auf der die Teilnehmer nicht nur Veranstaltungsfotos zum Download finden, sondern sich durch interaktive Funktionen wie Foren oder Chats immer wieder virtuell treffen können. Und vielleicht sind es auch nur handgeschriebene Ansichtskarten der Destination, mit persönlichen Gruß- oder Dankworten.

Das „Wie" der Inszenierung und der szenischen Mittel 2

Die Inszenierung verleiht einem Theaterstück oder einem Marketing-Event durch die Gesamtheit der szenischen Mittel die konkrete Form.

Die szenischen Mittel von Theater und Event sind identisch. Gutes Theater bietet Ihnen daher immer wichtige Anregungen, wie man Licht, Klang oder Projektionen einsetzen kann. Innovationen gingen lange Zeit von den Bühnen aus und wurden bei Events übernommen. Frühe Formen der Projektion und Effekte wie Feuer, Rauch und Wasser gehörten schon zum Repertoire des Barocktheaters, das außerdem eine Unzahl von Effektmaschinen hervorbrachte. Mit dem Aufkommen der Kinematografie fand die Filmprojektion schon früh den Einzug auf die Theaterbühnen.

Frei nach dem Theatermacher Peter Brook sollten Sie aber immer das Hauptaugenmerk auf die Kommunikation, die Ziele und die Menschen richten und sich nicht durch Bühne, Dekoration, Effekte, Scheinwerfer, Musik oder Catering ablenken lassen.

Wenn auf den nachfolgenden Seiten von Technik als inszenatorischem Mittel die Rede sein wird, so sind jeweils nur die wichtigsten Beispiele für Scheinwerfer, Projektoren etc. kurz erläutert. Das reichhaltige Angebot und der immer währende technische Fortschritt machen diese Beschränkung notwendig. Falls Sie Ihr Wissen in diesen Fachgebieten vertiefen möchten, so wird auf die dort weiterführende Fachliteratur hingewiesen.

Wie die Dramaturgie, so beginnt auch die Inszenierung des Events schon vor der eigentlichen Veranstaltung mit einer gestalteten und inszenierten Einladungskommunikation und endet nicht mit dem letzten Vorhang, sondern mit der Nachbereitung.

Gesamtinszenierung

- Was ist dem Zweck, dem Unternehmen, der Marke oder der Gesamtsituation angemessen?
- Wie unterstützt sie die Ziele?
- Was kann zur Umsetzung der Idee beitragen?
- Was darf es kosten?
- Was wirkt nachhaltig?

Wer inszeniert?

Beim Theater, Film oder Fernsehen gibt es die entsprechende Ausbildung und Arbeitsteilung von Autoren, Dramaturgen, Regisseuren, Choreografen, Szenografen, Lichtdesignern oder Komponisten. Kein einzelner Mensch kann das alles perfekt beherrschen, aber vom Eventmanager wurde dies lange Zeit erwartet.

Je mehr Sie wissen, umso besser. Aber vor allem müssen Sie die richtigen Leute kennen und diese für ein Projekt zusammenbringen können.

Es gibt einen großen Markt an freiberuflichen Fachleuten, die über ihre Berufsverbände erreichbar sind. Auch in den Fachzeitschriften finden sich regelmäßig Porträts von Lichtdesignern oder Regisseuren.

Die szenischen Mittel, die einem Event seine konkrete Form verleihen, sind:

Die szenischen Mittel

- Akteure
- Sprache, Tanz, Musik
- Bühne, Raum und Ausstattung
- Bilder und Medien
- Licht
- Ton und Soundeffekte
- Duft
- Geschmack
- Haptische Erlebnisse
- Aktion

Die Akteure 2.1

Auch wenn immer mehr Projektionen und Medien bei Marketing-Events zum Einsatz kommen, so gilt doch:

Der Träger des Events ist der Mensch: der im Publikum und der auf der Bühne.

Nichts hat eine authentischere Wirkung. Überlegen Sie genau, welcher Akteur Ihre Themen am angemessensten und besten vermitteln kann.

Die Akteure

- Redner
- Referent
- Moderator
- Schauspieler
- Sänger
- Tänzer

Jeder aus einem Unternehmen kann dabei in eine Rolle schlüpfen. Mangelnde Bühnenerfahrung kann durch Authentizität, durch naive Frische und ein wenig Training wettgemacht werden. Gerade wenn es um heikle Themen geht, sollten Sie glaubwürdige Akteure auf die Bühne holen.

Auf der anderen Seite kann es wichtig sein, dass kritische oder problematische Themen zum Beispiel nicht mit den Führungskräften identifiziert werden. Setzen Sie in diesem Fall externe Fachleute wie Unternehmensberater, Wissenschaftler, bekannte Fachleute oder Journalisten als Referenten ein.

Der Moderator spielt gerade bei einer Nummerndramaturgie eine wichtige Rolle. Er ist in ständigem Kontakt mit dem Publikum und muss für gelungene Überleitungen sorgen. Nicht jeder Mensch, der vor einer Kamera gut wirkt, hat auch die Bühnenpräsenz, 500 oder 2.000 Menschen zu fesseln. Da hilft auch die riesigste Großbildübertragung nicht!

Prominenz und Name sollten nicht vorrangig für die Besetzung ausschlaggebend sein, sondern die Kompetenz. Ein Vorteil von Journalisten ist es, dass sie sich schnell in neue Zusammenhänge und fremde Themen einarbeiten können. Wer keine Ahnung und keinen Bezug zum Thema hat, kann auch nicht, wenn es mal drauf ankommt, gelungen improvisieren.

Moderatoren, die Sie aus Funk und Fernsehen kennen, können Sie sehr schnell über deren Redaktionen erreichen, die Ihnen dann bei der Kontaktvermittlung behilflich sind. Andere fernsehbekannte Gesichter finden Sie über die Produktionsfirmen, Schauspieler und Tänzer über ihre Ensembles oder Agenturen. Wissenschaftler sind über ihre Universitäten und publizierende Fachleute über ihre Verlage zu erreichen. Für Musiker kann die erste Kontaktadresse die Plattenfirma sein. Ansonsten ist auch hier wieder das Internet die Quelle Nummer eins.

In der Regel vertritt eine Agentur die Interessen der Akteure. Sie kennen ihre „Pappenheimer", ermöglichen manchmal einen Auftritt durch gute Beziehungen und sie können Ihnen viel Arbeit abnehmen. Damit sie Ihnen nicht unverhältnismäßig viel Geld abnehmen, sollten Sie darauf achten, nur die Agenturen zu wählen, die den Moderator, Künstler oder Referenten exklusiv vertreten oder sehr nah an ihm dran sind.

Wenn Sie Künstler und auch Sportler, die ihren Wohnsitz im Ausland haben, einsetzen, sind Sie als Veranstalter für die Versteuerung des durch die Gage erworbenen Einkommens zuständig. Der Begriff „Ausländersteuer", den Sie in diesem Zusammenhang vielleicht schon einmal gehört haben, ist hier irreführend, denn entscheidend ist nicht die Staatsbürgerschaft, sondern der überwiegende Wohnsitz.

Buchen Sie also einen Künstler, der zwar einen deutschen Pass hat, seinen Hauptwohnsitz aber im Ausland, für einen Auftritt in Deutschland, ist auch in Deutschland die Steuer fällig.

Die Steuerpflicht wird auf den Veranstalter abgewälzt und gilt in vielen Ländern, nicht nur in Deutschland, Österreich oder Belgien. Auskunft geben die zuständigen Finanzbehörden. Die Abgabeverfahren und Steuersätze sind sehr unterschiedlich und ändern sich. Es empfiehlt sich daher, erfahrene Steuerberater in diese Problematik einzubeziehen.

Entscheidend für die Steuerpflicht ist, wer laut Künstlervertrag Veranstalter ist. Ist es das Unternehmen selbst, so ist es auch in der Pflicht. Ist es die Agentur, dann muss sie versteuern.

Als Agentur sollte man diese nervenaufreibende Arbeit auf jeden Fall dem Kunden abnehmen, selbst wenn das Unternehmen als Vertragspartner im Künstlervertrag auftritt.

Sprache, Tanz, Musik

Ein Marketing-Event besteht nicht nur aus Information und Wortbeitrag, sondern bietet auch Erlebnis. Themen und Inhalte können in Theaterszenen oder Songs verpackt werden, in einzelne Tanzauftritte oder ganze Performances. Sie lassen sich so nicht nur rational und verbal, sondern auf auditive und audiovisuelle Weise auch emotional vermitteln, was die Wirksamkeit erhöht.

Sprache, Gestik, Mimik, Tanz, Bewegung und Musik sind Ausdrucksformen, die Ihre Botschaft wirkungsvoll befördern.

Für die Dramaturgie und Inszenierung ist es wichtig, das Konzept in einem Drehbuch detailliert zu konkretisieren. Die Dramaturgie mit der Chronologie des Events gibt die Struktur und Gliederung für das Drehbuch vor.

Für jeden Akt oder jede Szene gibt es Regieanweisungen. Beschreiben Sie darin die szenische Ausgangslage, die beteiligten Akteure, das Bühnenbild und die Ausstattung wie Rednerpulte, die Auftritte, die Lichtstimmung, den Ton etc. Fixieren Sie alle Beiträge wie Reden oder Moderationen in Form von Manuskripten. Mediale Einspielungen sollten kurz beschrieben oder visualisiert, das heißt als Skizze oder Ausschnittfoto, dargestellt sein.

Die Stichwort-Präzision von Theater und Film ist nur durch die pedantische Arbeit mit Stück oder Drehbuch möglich. Ein chronologischer Ablaufplan reicht nicht aus.

Gerade bei aufwändigen Events ist ein Drehbuch für die Inszenierung und die Ablaufregie der Veranstaltung selbst unverzichtbar.

Textbeiträge

- Dialog und Theaterszenen
- Reden
- Statements
- Entertainment oder Botschaften
- Moderation
- Fernübertragung medial oder live

Reden und Statements müssen direkt und deutlich sein und auf den Punkt kommen. Theaterszenen haben den Vorteil, dass Schauspieler als „Stellvertreter“ Sachverhalte wie Probleme, Ängste oder Vorbehalte an- und aussprechen können, wie es keinem Mitarbeiter oder Vorgesetzten möglich ist. Verbreiten Sie die Botschaften im Dialog und eher subtil und da, wo es angemessen ist, mit Witz.

Platte Propaganda wird sofort als solche erkannt und erzeugt eine emotionale Abwehrhaltung.

Musik

- Ein- und Auslassmusik
- Ouvertüre
- Finale
- Pausenmusik
- Übergänge
- Entertainment oder Botschaften
- Songs oder instrumental
- Live oder medial
- Soundeffekte

Musik wirkt emotional und stark assoziativ. Angenehme Einlassmusik und aufputschende Hymnen als Finale sind sehr wirksame Mittel, Stimmung zu erzeugen und zu manipulieren. Selbst demokratische Parteitage haben ihre Musik, ob sozialistisches Liedgut, Bundeslied oder Bayernhymne.

Ob auf Ihrem Event live gesungen oder Film- oder Popmusik von Konserve eingespielt wird, die Urheber der Werke wie Komponisten, Texter, Arrangeure und Musikverleger halten berechtigterweise ihre Hand auf. Damit sie aber überhaupt an ihre Tantiemen gelangen, gibt es die Verwertungs- und Urheberrechtsgesellschaften, die treuhänderisch aktiv sind. Bei ihnen sind im Voraus die Genehmigungen vom Veranstalter oder Nutzer einzuholen. In der Praxis bedeutet das lediglich eine Anmeldung.

In Deutschland ist sie bei der GEMA, Gesellschaft für musikalische Aufführungs- und mechanische Vervielfältigungsrechte (www.gema.de) einzuholen. In Österreich ist die AKM, Staatlich genehmigte Gesellschaft der Autoren, Komponisten und Musikverleger reg. Gen. m.b.H. (www.akm.at) zuständig. In der Schweiz nimmt die SUISA, Schweizer Gesellschaft für die Rechte der Urheber musikalischer Werke (www.suisa.ch) die Rechte wahr.

Marketing-Events sind im Sinne der Urheberrechtsgesellschaften öffentlich. Kalkulieren Sie die jeweiligen Abgaben frühzeitig in Ihre Budgets ein, denn es gibt kaum Ausnahmen oder Schlupflöcher.

Greifen Sie aber nicht immer nur auf bekannte Songs und Stücke zurück. Natürlich ist eine gekaufte CD billiger als eine exklusive Auftragskomposition. Doch es macht immer Sinn, den Event auch mit einer eigenen Musik eindeutig und unverwechselbar zu „branden“. So ergeben sich im gleichen Atemzug schon sinnvolle Give-aways, nämlich die CD oder der Download mit der Musik.

Tanz

- Entertainment oder Botschaften
- Überleitungen
- Interpretation von Unternehmen, Marken, Produkten

Tanz ist eine wunderbare Verbindung von Musik und Bewegung. Tanz braucht aber Platz, um wirken zu können. Ist Ihnen das nicht auch schon auf Messen aufgefallen, wenn die Akteure ständig ihren Schwung bremsen müssen, um nicht von der winzigen Bühne des Standes zu fallen?

Bühne, Raum und Ausstattung 2.3

Verlassen Sie die Ästhetik der Mattscheibe und Guckkastenbühne. Nutzen Sie den Raum und die gesamte Location.

Event ist die Kunst der vier Dimensionen, nämlich der Umgang mit Raum und Zeit.

Ob Sie aufwändige und naturalistische Kulissen bauen lassen oder mit Projektionen arbeiten, hängt nicht nur vom Budget, sondern von der Wirkung ab, die Sie durch dieses szenische Mittel erreichen wollen.

Phantasie und gute Ideen ersetzen teure Bauten. Manchmal reicht die vorhandene Architektur einer alten Industriehalle oder eines futuristischen Fabrikgebäudes als Dekoration, in der sich mit wenigen akzentuierten Scheinwerfern die gewollte Atmosphäre gekonnt herstellen lassen kann. Oder hängen Sie Leinwände oder Stoff ab, auf die Sie Videos oder Dias projizieren oder die Sie mit Grafik bedrucken lassen. Versetzen Sie so Ihr Publikum in künstliche Welten, die Ihre Botschaft verdeutlichen, unterstützen oder verstärken.

Mit einfachen und preiswert zu mietenden Profilscheinwerfern und so genannten „Gobos", einer Art Dia, können Sie Ihr Firmenlogo oder Botschaften preiswert präsentieren und den Veranstaltungsort „branden". Licht ist ein ganz besonderes Medium, mit dem viel mehr möglich ist als die von Movinglights und Scannern bestimmte Ästhetik.

Fragen Sie sich beim Branding, ob es ausreicht, sich auf die Veranstaltung selbst mit dem Event-Motto und Event-Logo zu beziehen oder ein übergeordnetes Branding von Marke oder Unternehmen darzustellen ist?

Bleiben Sie nicht bei der zweiten Dimension stehen, sondern gehen Sie in den Raum, in die Tiefe, und bespielen Sie ihn. Lassen Sie die Akteure überall im Raum auftreten, aus dem Publikum heraus oder über es hinweg. Oder bewegen Sie das Publikum so, dass es sich den Raum selbst erlaufen muss.

Die sonstige Raum-, Bühnen- und Tischdekoration hängt ebenfalls vom Kommunikationsziel ab. Ist sie nur schmückendes Beiwerk, das so üblich ist wie das Blumenarrangement am Rednerpult, oder ist sie auch ein Medium für die Botschaft?

Bei der Einführung einer neuen farbigen Lichtschalterserie für ein mittelständisches Unternehmen hatte die Agentur Vok Dams Gruppe die Produkte nicht nur als Dekoelement und bei Kostümen eingesetzt, sondern sie zusätzlich auf den Tischen zum aktiven Abstimmungssystem gemacht. Das Publikum konnte die Programmabfolge des Großkundenevents durch das Betätigen der Taster steuern.

Ihrer Fantasie sind kaum Grenzen gesetzt, außer natürlich durch die Sicherheitsvorschriften (wie die Versammlungsstättenverordnung in Deutschland oder die Veranstaltungsstättengesetze in Österreich), die das Vorhandensein und Beachten von Fluchtwegen, Notausgängen und den Einsatz von Technik und Materialien vorschreiben.

Raum und Ausstattung

- Passen Architektur und Design zum Kommunikationsziel?
- Wie muss das Branding sein?
- Ist Bühnen- und Saaldekoration notwendig?
- Was ist angemessen für den Zweck des Events?
- Beachtung von Corporate Design?
- Brauche ich Fahnen, Banner oder Plakate?

2.4 Bilder und Medien

Ein Bild sagt mehr als tausend Worte, lautet eine Binsenwahrheit. Ersetzen oder ergänzen Sie langatmige Erklärungen durch Videos. Die Herstellungskosten sind dank digitaler Technik und des starken Wettbewerbs unter den Produktionsfirmen überschaubar. Wichtig ist, welche kommunikative Bedeutung das Video hat. Danach richtet sich der Aufwand.

Die Produktion

Bevor Sie sich für eine Produktionsfirma entscheiden, die Sie zum Beispiel über die Fachzeitschriften finden können, sollten Sie sich Arbeitsproben anschauen. Die meisten Eventagenturen bieten die Gestaltung und Herstellung von medialen Beiträgen im Fullservice an.

Sprechen Sie Exposé und das Drehbuch des Videos genau ab, sodass Sie Ihre Vorstellungen später auch sichtbar wiederfinden. So groß der Reiz sein mag, sich selbst einmal wie Steven Spielberg zu fühlen, vertrauen Sie auf die Erfahrung von guten Regisseuren, Kameraleuten, Cuttern und Mediengestaltern.

Videoproduktion

- Imagevideo (eher emotional)
- Unternehmensvideo (informativ)
- Produktvideo (informativ)
- Themenvideo (informativ)
- Stimmungstrailer / Mood Cut (emotional)

Neben der Themenvermittlung und inhaltlichen Funktion eines Videos kann man es auch als dramaturgisches Element, zum Beispiel für Überleitungen, einsetzen, um vor allem Emotion und Stimmung zu erzeugen. Durch neue technische Möglichkeiten sind Videos nicht mehr nur Inhaltsträger, sondern ein Inszenierungsmittel, das von den Standardformaten 4:3 oder 16:9 längst befreit ist und sich bis hin zu „bespielten" Raumelementen entwickelt hat.

Videos können vermitteln:

- Freude
- Schönheit
- Motivation
- Sicherheit
- Spannung
- Überraschung

Der abwechslungsreiche Einsatz unterschiedlicher Medien hilft, die Aufmerksamkeit zu halten, denn bewegte Bilder wirken auf den ersten Blick stärker.

Bewegte Bilder werden heute digital produziert und auch abgespielt. Immer häufiger werden so genannte Medienserver eingesetzt, die Zuspielung, Bildmischung und Effektprogrammierungen ermöglichen. Special Visual Effects im Computer sind längst nicht mehr Hollywood vorbehalten. Der technische Fortschritt ist rasant, und es gibt immer mehr Gestaltungsoptionen. Die Video-Bildauflösung ist der analogen Kino-Auflösung heute mehr als ebenbürtig und wird immer besser, Stichwort Ultra-HDV. Auch die pixelgenaue Projektion auf einfache oder komplexe Körper, auf Autos oder Häuserfassaden, ist inzwischen möglich und wird als 2D- oder 3D-Mapping häufig eingesetzt.

Videoprojektion

Um das Videobild sichtbar zu machen, gibt es verschiedene technische Möglichkeiten.

Klassisch ist die Projektion auf Leinwände. Der Vorteil liegt in der Verfügbarkeit, Flexibilität und den vergleichsweise niedrigen Kosten von Projektor und Leinwand. Dank der Fortschritte in der Technik sind große Projektionsgrößen bis 30 Meter Bildbreite und mehr auch kein Problem mehr. Allerdings müssen dann die Lichtbedingungen stimmen. Der Veranstaltungsraum muss verdunkelbar und in der Umgebung der Leinwand sollte auch nicht zu viel störendes Streulicht von Scheinwerfern sein. Auch ein helles Bühnendesign mit hellem Bühnenboden kann durch die Reflektion kritisch ein.

Durch Zoomobjektive und verschiedene Leinwandgrößen lassen sich alle üblichen Projektionsformate bildfüllend realisieren, ob im klassischen Fernsehseitenverhältnis von 4:3 oder im 16:9-Breitwandformat. Die moderne Technik erlaubt aber auch noch ganz andere Dimensionen von Panorama bis hin zur kompletten Surround-Projektion – vorausgesetzt, das Budget ist dafür da.

Viele Events sind abhängig von der Projektion, daher sollten Sie für den Fall eines Gerätedefekts vorsorgen und synchron mit zwei Projektoren arbeiten. Einige Vermieter bieten Geräte an, die ein Havariesystem eingebaut haben.

Die technische Anmutung der Leinwandkonstruktion können Sie als gestalterisches Dekorationselement nutzen. In einem Barocksaal kann ein gleißender und moderner Aluminiumrohrrahmen ein interessanter ästhetischer Kontrast sein – oder aber auch optischer Störfaktor, der wegdekoriert werden muss.

Neben dem Einspielen von Videos können Sie die Projektionstechnik auch für die Übertragung von Kamerabildern nutzen und so beispielsweise den Redner überdimensional für alle sichtbar auf die Leinwand bannen. Gerade bei Großveranstaltungen mit mehreren tausend Teilnehmern ist das notwendig, da nur die wirklichen Superstars eine solche Aura und Bühnenpräsenz haben, dass selbst in der letzten Reihe die Fans noch in Ohnmacht fallen. Wechselnde Kameraperspektiven sorgen für Abwechslung, setzen aber technisch sowie personell eine kostenträchtige Bildregie voraus.

In vielen Veranstaltungssituationen lässt sich Tages- oder Streulicht nicht vermeiden. Bei Open-Air-Events oder auf Messen bieten sich andere technische Möglichkeiten an.

Modulare Steglos-Displays bieten eine hohe Bildauflösung und Helligkeit. Durch digitale Technik in der Zuspielung lassen sich inzwischen Trickeffekte wie Splitting – das Mischen von mehreren Bildquellen gleichzeitig – realisieren. Auch große Bildbreiten sind mit dieser Technik möglich. Bei nahem Betrachtungsabstand sind allerdings die Angrenzungen der einzelnen Elemente sichtbar, daher sollte bei der Medienproduktion berücksichtig werden, dass keine unschönen Linien durch wichtige Motive oder mitten durch Schriften laufen.

LED-Wände

Die LED-Technik hat sich rasant verändert. Auflösung und Farbwiedergabe werden immer besser. Durch Modulbauweise lassen sich alle Bildbreiten realisieren. Es gibt kaum noch technische Einschränkungen. Runde LED-Wände oder kinetisch bewegte Flächen gehören fast schon zum Standard. Nur das Budget setzt noch Grenzen. LED-Elemente mit niedriger Auflösung bieten sich als Mischung aus architektonischem Element und moodartigen Bild- und Lichteffekten an. Gerne werden sie aber auch mit hochaufgelösten LED-Elementen kombiniert.

Voraussetzung für ein scharfes, homogenes Bild ist ein bestimmter Mindestabstand des Betrachters zum Bild. Der Pixelabstand der Dioden definiert den Mindestsichtabstand. Bei 4 mm ergeben sich als Faustformel 4 Meter, bei 8 mm folglich 8 Meter. Bei der Produktion von Videos muss dieses Medium besonders beachtet werden, um später auch wirklich wirkungsvolle Bilder zeigen zu können.

Licht

Licht ist ein faszinierendes Medium. Seine Farbe, seine Helligkeit, seine Menge und die Dauer sind gestaltbar. Allerdings braucht Licht für seine Wirkung immer den Kontrast durch das Gegenteil, das Dunkle.

Im Theater wurden schon zu Zeiten von Kerzenlicht und Gasbeleuchtung die verschiedensten Effekte entwickelt. Es wurde damals bereits mit Farbfiltern und optischen Linsen experimentiert.

Die moderne digitale Technik von Lichtsteuerung und Scheinwerfern eröffnet ganz neue Dimensionen in der Gestaltung, stellt aber auch neue Anforderungen an die Logistik. In allen Funktionen fernsteuerbare Scheinwerfer machen aus einem Segelschiff ein Speedboot. Leider wird dabei die handwerkliche Kunst traditionellen Lichtdesigns verdrängt.

Im Theater hat jeder Scheinwerfer eine Bedeutung. Stimmungen für die szenische Wirkung werden über Farbe und Helligkeit erzeugt. Für eine zarte Abenddämmerung werden manchmal hunderte von Scheinwerfern eingesetzt. Mit einzelnen Spots werden Akteure oder Vorgänge betont.

Ich wünschte mir, bei Marketing-Events würden sich die Lichtgestalter wenigstens halb so viel Gedanken machen wie ihre Kollegen vom Theater. Die Regel sind leider grelle Effekte und tolle Buntheit. Eine einzige Kerze auf einer ansonsten dunklen Bühne und ein guter Schauspieler können mehr Gänsehaut hervorrufen als hunderte von Effektscheinwerfern.

Licht ist Kommunikation.

Erzeugen Sie Stimmungen bewusst. Setzen Sie Farben ein – im Corporate Design des Veranstalters oder um gezielt besondere Stimmungen zu erzeugen und Atmosphäre zu schaffen.

Geben Sie sich nie mit der Programmierung zufrieden, die der Lichttechniker noch von seiner letzten Veranstaltung in seinem Pult gespeichert hat. Ein Event sollte individuell und einzigartig sein, auch sein Licht.

Vergessen Sie über die künstlerischen Aspekte jedoch nicht die Funktionen von Licht. Ein Schauspieler, der im Dunkeln seinen Text spricht, ist für einen Augenblick spannend, aber nicht auf Dauer.

Auf der Bühne oder Szenenfläche sollte eine Grundbeleuchtung, auch für Kameras, gesetzt sein. Das ist besonders wichtig, wenn sich Akteure und Moderatoren frei bewegen. Zusätzlich oder alternativ können sie durch so genannte Verfolgerscheinwerfer betont werden. An szenisch wichtigen Positionen, wie zum Beispiel an Rednerpulten, wird die Bühne akzentuiert. Man erlebt es immer wieder, dass auf Redner nur ein einziger Scheinwerfer ausgerichtet ist. So ergeben sich zwangsweise unschöne Schatten. Dabei sind konventionelle Scheinwerfer so preiswert zu mieten, dass eine ausreichende Ausleuchtung nicht an den Kosten scheitern muss. Mit leichten rosa Farbfiltern lassen sich „käsige“ Gesichter verhindern.

Für Show-Acts und Performances gelten andere Regeln. Hier hängt es von szenischen Erfordernissen ab, wie Licht und Schatten, Farben und Effekte eingesetzt werden.

So wie sich in einem Symphonieorchester die unterschiedlichsten Instrumente finden, so gibt es auch sehr verschiedene Scheinwerfertypen.

Wenn Sie das Thema vertiefen wollen, kann ich Ihnen das Buch „Faszination Licht" von Max Keller, der einer der besten deutschen Lichtdesigner ist, empfehlen.

Die Leuchtkörper in Scheinwerfern werden Brenner genannt. Immer häufiger werden in unterschiedlichen Scheinwerfertypen keine konventionellen Leuchtmittel, sondern LEDs eingesetzt. Deren Strombedarf und Wärmeentwicklung ist deutlich geringer und es können alle Farben digital gemischt werden, ohne dass Filterfolien verwendet werden. Sie bieten aber auch ganz neue Effekte. Die wichtigsten Scheinwerfertypen sind:

Fluter
Fluter erzeugen ein gleichmäßiges Licht und sind besonders geeignet, um große Flächen auszuleuchten. Wenn in einer Location, wie einem Zelt oder einer alten Industriehalle, keine Saalbeleuchtung vorhanden ist, eignet sich dieser Scheinwerfertyp besonders für das Grundlicht.

PAR-Scheinwerfer
Das Licht von Parabolscheinwerfern oder PAR-Scheinwerfern wird durch einen parabolischen Reflektor in Gehäuse oder Brenner gerichtet. Mit PAR-Scheinwerfern können Sie definierte Bereiche der Bühne ausleuchten. Entsprechend der Brennweite des Reflektors gibt es verschieden große Lichtkegel. Der austretende Lichtkegel ist ansonsten nicht variierbar. Dafür ist dieser Typ sehr preiswert und eignet sich vor allem für das Showlicht von Bands. Bei der LED-Variante werden die Farben per DMX eingestellt, bei den konventionellen Scheinwerfern werden Farbfilter verwendet.

Linsenscheinwerfer
Der Lichtkegel von Stufen- oder Fresnellinsenscheinwerfern ist stärker gebündelt und wird durch ein optisches System gesteuert. Er lässt sich größer oder kleiner, enger oder weiter einstellen. Auch von einer festen Position an einem Stativ oder einer Traverse kann man den Lichtkegel noch einstellen und bestimmte Bühnen- oder Szenenbereiche akzentuieren. Das Licht ist an den Rändern diffus, weshalb zusätzlich Klappen, Blenden oder Barndoors verwendet werden, mit denen sich das Licht begrenzen beziehungsweise abklappen lässt. Linsenscheinwerfer sind universell einsetzbar. Mit ihnen kann eine Bühne gleichmäßig ausgeleuchtet werden, aber es können auch nur bestimmte Bereiche akzentuiert werden.

Profilscheinwerfer
Wenn sehr exakte Lichtabgrenzungen gewünscht sind, was zum Beispiel an Bühnenkanten oder bei Rednerpulten sinnvoll ist und auch gut aussieht, empfehlen sich Profil- oder Zoomscheinwerfer. Der Lichtkegel ist durch Irisblenden noch schärfer regelbar und

durch eingebaute Verschlüsse lassen sich „Lichtkanten“ messerscharf gestalten. Bühnenauftritte und Lichtwege lassen sich somit wunderbar anlegen.
Profilscheinwerfer können mit Gobos eingesetzt werden. Das sind „Dias“, die Logos, Schriften oder Formen projizieren.

Verfolger
Verfolgerscheinwerfer werden eingesetzt, um Akteure in ihrer Bewegung mit dem Lichtkegel verfolgen zu können. Dazu ist ein Mensch notwendig, der den Scheinwerfer von Hand bedient. Allerdings gibt es inzwischen auch automatische Systeme, die auf einen Sender reagieren, den der Akteur trägt.

Die bisher beschrienenen konventionellen Scheinwerfertypen haben einen Nachteil, sie sind statisch. Sind sie einmal installiert, ausgerichtet und mit einem Farbfilter ausgestattet, kann ich deren Licht nur noch in der Helligkeit, der Farbe und durch Ein- oder Ausschalten variieren. Ich muss also sehr gut planen und brauche vergleichsweise viele Scheinwerfer, die allerdings relativ preiswert im Vergleich zu anderen, im Folgenden beschriebenen Systemen sind, bei denen Lichtaustritt und Farbe frei wählbar sind.

Movinglights
Sie sind wie Profilscheinwerfer oder Fluter, aber motorisch so betrieben, dass man sie ferngesteuert jederzeit ausrichten kann. Auch die Farben sind durch ein integriertes Farbmischsystem frei wählbar. Die Linsen sind zumeist mit einer Flüssigkeit gefüllt, durch deren Zu- oder Abpumpen die Brennweite wie bei einem Zoom reguliert werden kann. Zusätzliche Wirkung ergibt sich, wenn die Spots wie Suchscheinwerfer bewegt werden. Besonders eindrucksvoll sind hier Produkte wie der SHARPY von Clay PakyTM. Sie werden digital per DMX angesteuert und haben sich zum meistverwendeten Eventscheinwerfer entwickelt. Licht braucht einen Träger, besonders für die Lichteffekte. Hierfür gibt es sogenannte Hazer, die einen feinen, fast unsichtbaren Nebel erzeugen. Zu viel Luftfeuchtigkeit kann Projektionen beeinträchtigen, zu wenig lässt die Lichtstrahlen nicht wirken.

Gerade Movinglights werden immer öfter so konstruiert, dass sie alle Beleuchtungsfunktionen von statischen Scheinwerfern übernehmen können, weshalb man sie auch als Hybridscheinwerfer bezeichnet. In ihnen vereinigen sich die Eigenschaften von Profil-, Linsen- und Fluterscheinwerfern.

Um die gewünschte Wirkung zu erzielen, werden in der Regel mehrere Scheinwerfer parallel genutzt. Dank der modernen Steuerungs- und Speichertechnik ist es schon lange kein Problem mehr, die unterschiedlichsten Lichtstimmungen einzelner Akte, Szenen und Bilder von einem zentralen Stellpult aus abzuspeichern und stichwortgenau abzurufen.

Veranstaltungslicht ist immer auch mehr als das reine Bühnenlicht. Das Saallicht ist ebenso wichtig.

© PRG AG, www.prg.com

Obere Reihe: Profilscheinwerfer, Movinglight Profil, Moving Sharpy Beam, Moving Hybrid Scheinwerfer, Stufenlinse
Untere Reihe: LED Fluter und Stroboskop, LED Fluter/Wash Light, LED Moving Head Fluter, LED PAR Light, LED Fluter / Wash Light (Detailangaben im Quellennachweis Seite 168)

Sind Sie auch schon einmal in der Dunkelheit eines Events eingeschlummert, weil Sie als Publikum während einer Rede in einem schwarzen Loch saßen? Das ist weder für die Teilnehmer noch für die Akteure gut, da diese ihr Publikum nicht sehen können, denn das Licht auf der Bühne blendet immer. Regeln Sie das Saallicht so hell wie nötig, dass Redner das Publikum erkennen können, aber Projektionen nicht gestört werden.

Auch zur Inszenierung einer Location von innen und von außen sollten Sie Licht als gestalterisches Mittel einsetzen. In London war die Royal Albert Hall für einen Event in leuchtendes Honda-Rot eingehüllt. So etwas ist einfach, aber wirksam.

2.6 Ton und Soundeffekte

Ton ist der Träger von Sprache, Gesang oder Musik. Lassen Sie die Form der Funktion folgen. Hohe Verständlichkeit, angenehme Lautstärke und gute Klangqualität haben Priorität. Tontechnik ist nie das Teuerste an einem Event, weshalb Sie nie zulasten der Qualität sparen sollten.

Mit Ton und Klang lässt sich aber viel mehr erreichen, als das Publikum zu beschallen. Designen Sie Ihren Eventsound. Selbst das Geräusch einer sich schließenden Autotür wird längst nicht mehr dem Zufall überlassen, sondern so gestaltet, dass das satte Klacken dem Wagen einer höheren Preisklasse angemessen ist.

Nicht nur das „Was" des Tons, also Sprachbotschaft oder Musik, auch das „Wie" ist Kommunikation, die Sie aktiv einsetzen können und sogar müssen.

Dabei sollten Sie nicht auf die aktuellen Top 10 oder die Eventstandards wie „Conquest of Paradise“ oder „Time to say Goodbye“ setzen. Der Musiker Brian Eno hat schon vor Jahrzehnten Musik für Flughäfen und Aufzüge komponiert, als noch niemand das Wort „Ambient“ benutzte, um dem akustischen Einheitsgedudel etwas Neues entgegenzusetzen. Wie wäre es also mit einem eigenen Ambientsound, einer eigenen Klangwelt für die nächste Händlertagung oder den nächsten Presse-Event? Jahrhundertelang schufen Komponisten solche Klänge für die Politevents ihrer Fürsten, Könige und Kaiser, zum Beispiel als Tafelmusik oder für die Kirchenfürsten als sakrale Musik. Während früher zu solcher Musik eifrig gezecht und gespeist wurde, lauschen wir diesen Kompositionen inzwischen andächtig in Konzertsälen.

Mit dem Ton ist es wie mit dem Licht, er braucht den Kontrast, um zu wirken: die Stille. Dauerhafter lauter Klang ist Lärm und gesundheitsschädlich. Der inzwischen übliche Lärmpegel bei Events ärgert mich. Vielleicht haben die Tontechniker inzwischen ihr Gehör so weit ruiniert, dass sie sonst nichts mehr wahrnehmen können?

Ich habe eine Autopräsentation mit dröhnendem Surround-Sound erlebt, die so laut war, dass es schmerzte und das Publikum vorab gewarnt wurde, dass Schwangere und Herzkranke nicht an der Präsentation teilnehmen sollten. Dabei hätte etwas weniger Lautstärke und etwas weniger spürbarer Bassklang vielleicht schon ausgereicht.

Pegeln Sie den Lautstärkeregler nicht unnötig hoch, um Wirkung zu erzielen, sondern setzen Sie Klang kreativ, intelligent und damit wirkungsvoll ein. Manchmal ist ein Augenblick der Stille vielleicht der effektivste Soundeffekt. Schließlich werden wir in Supermärkten, Kaufhäusern, Restaurants oder selbst am „stillen Örtchen“ ständig berieselt.

Events sind live, die Teilnehmer real. Das gibt Ihnen die einzigartige Möglichkeit, mehr Sinne als nur das Hören und Sehen anzusprechen.

Duft 2.7

Auf Reize, die über den Geruchssinn wahrgenommen werden, reagiert der Mensch am unmittelbarsten und das vor allem unterbewusst.

Ein harziger Tannenwald an einem heißen Tag, das rauchige Holz eines offenen Kaminfeuers an einem Winterabend, die duftende Blumenwiese aus der Kindheit, Erde nach einem Sommerregen, all das sind Gerüche, die schon beim bloßen Lesen Erinnerungen und Assoziationen wecken. Wenn Sie eine Beziehung zwischen einem Duft und Ihrer Botschaft oder Ihrem Thema herstellen können, dann versuchen Sie es einmal mit diesem Mittel.

Es gibt verschiedene technische Möglichkeiten, Düfte bei Events einzusetzen. Um zu wirken, braucht der Duft immer eine Luftbewegung. Klima- und Belüftungsanlagen können vielleicht direkt oder indirekt genutzt werden. Es gibt aber auch Spezialgeräte.

Das größte Problem liegt darin, dass kein Duft so präzise steuerbar ist wie ein Scheinwerfer, der in einer Sekunde angeht, leuchtet und ausgeht. Daher müssen Technik und Geruchsstoffe sehr sorgfältig ausgewählt werden. Beachten Sie auch die mögliche Wirkung auf Allergiker. Bei diesem inszenatorischen Mittel gilt daher ganz besonders: subtil, nicht massiv.

2.8 Geschmack und Catering

Essen und Trinken sind etwas Wunderbares, da zumeist alle Sinne angesprochen werden. Event lässt sich nicht nur sehen, hören und riechen, sondern auch schmecken.
Auf der Zunge, dem Gaumen und in der Nase erleben wir Catering, das beim Marketing-Event ebenfalls Kommunikation ist und immer mehr als die reine Zufuhr von Nahrungsmitteln und Vitalstoffen.

Welche kommunikative Botschaft soll das Catering vermitteln?

- Was ist der Anlass?
- Was passt zur Idee?
- Was passt zum Image?
- Wie viel Zeit steht zur Verfügung?

Was es gibt und wie es serviert wird, sollte von der Event-Idee abgeleitet sein. Natürlich müssen Sie die kulturellen Gewohnheiten Ihrer Zielgruppe bedenken. Käse für Chinesen und Koreaner oder Affenhirn für Europäer in der Speisenfolge können im Sinne der Dramaturgie zwar überraschen und auch eine Wirkung wird sich zweifelsfrei einstellen. Aber auch der Erfolg?

Was passt zu Teilnehmern, Thema, Unternehmen, Marke oder Produkt?

- Formell oder informell?
- Witzig oder konventionell?
- Authentisch oder gestylt?
- Einfach oder Gourmet?
- Minimalistisch oder epikureisch?
- Gesundheitsbewusst oder schwelgend?

Es müssen nicht immer gleich die ungewöhnlichsten Zutaten sein. Auch Speisenfolge und Zubereitung bieten den Küchenchefs kreative Freiheiten. Wägen Sie also ab, wie konventionell oder avantgardistisch Ihr Catering wird. Das hängt manchmal, aber nicht immer, vom Budget ab.

Der Respekt vor religiösen Regeln ist ebenfalls ein Muss. Fragen Sie also vorher ab, ob es bei Ihren Teilnehmern etwas zu beachten gibt. Gerade im Rahmen der koscheren Küche wird es kompliziert. Im Internet finden Sie zur „Kaschruth“, den jüdischen Speisegesetzen, wertvolle Tipps auf der Homepage des deutsch-jüdischen Internetdienstes HaGalil (www.hagalil.com). Die großen Caterer sind in der Regel alle in der Einhaltung jüdischer, islamischer oder weiterer religiöser Regeln erfahren.

Mittlerweile gibt es viele Vegetarier, die sich manchmal, trotz der Abfrage beim Einladungsprozedere, erst beim festlichen Dinner outen. Besprechen Sie dies mit dem Caterer im Vorfeld, sodass er im Notfall etwas in Bereitschaft hat, was nicht nur aus einem improvisierten Salat besteht.

Es gibt fast schon unüberschaubar viele Anbieter: der Metzger um die Ecke, der esoterische Partyservice, der Außerhausservice von Hotels oder die renommierten Firmen wie Lufthansa, Käfer oder DoCo, die auch 10.000 Menschen hochwertig versorgen können.

Wählen Sie den Anbieter, der Sie versteht, der kompetent ist, ausreichend Erfahrung und die nötigen personellen und technischen Kapazitäten hat. Bei kleinen Mengen oder schmalen Budgets empfiehlt sich eine gewisse räumliche Nähe.

Vor dem Event sollten Sie ein Probeessen durchführen, um Service und Qualität zu testen und Verbesserungen durchführen zu können.

Catering ist ein beliebtes Thema, vor allem auf Kundenseite, denn hier redet jeder gerne mit. Sie sollten aber den Küchenchef nicht zu sehr durch Ihre eigenen Vorstellungen einengen. Nicht alle Gerichte und Zusammenstellungen, die im unerfahrenen Kopf entstehen, sind nachher auch praktikabel und landen auf dem Teller. Als verantwortlicher Eventmanager aus Agentur oder von Kundenseite sollten Sie die servierten Gerichte beim Event selbst probieren. Nur dann wissen Sie, ob die Qualität stimmt oder mögliche Beschwerden der Gäste berechtigt sind. Denn wenn viele Menschen zusammenkommen, kann man nicht immer jeden Geschmack hundertfünfzigprozentig treffen. Dem einen war es zu laff, dem anderen überwürzt. Solange solche Reklamationen oder Feedbacks Einzelfälle bleiben, war alles in Ordnung.

Inszeniertes Catering

- Art der Gerichte
- Kombination von Lebensmitteln
- Art des Anrichtens auf dem Teller (Tellergerichte)
- Art des Anrichtens auf Platten (Buffet)
- Speisenfolge und Zahl der Gänge
- Gedecke und Tischdekoration
- Buffetdekoration
- Tischordnung

Tellergericht oder Buffet, das ist schon fast eine Frage von shakespeareschem Ausmaß.

Das Buffet

Ein Buffet benötigt weniger Servicepersonal, ist kostengünstiger und es gibt vermeintlich keine Wartezeiten.

Der Nachteil liegt darin, dass alles schon vorher zubereitet werden muss. Ausgelaugte Gemüse und zerfallener Fisch oder müdes Fleisch, die zu lange auf dem Chafing-Dish schmorten, sind leider die Regel.

Außerdem führen Selbstbedienungsbuffets, die nicht vernünftig geplant sind, zu einer unschönen Erscheinung: der „Buffetschlange". Diese Spezies ist leider immer noch nicht vom Aussterben bedroht. Gegen sie hilft nur die Entzerrung durch mehrere gut im Raum verteilte Ausgabestationen.

Für ein Mittagsbuffet sollten Sie mindestens 45 Minuten einkalkulieren. Bedenken Sie gegebenenfalls auch die Wegezeiten vom Veranstaltungsraum zum Cateringraum und zurück.

Tellergerichte und Mehrgangmenüs

Tellergerichte und Mehrgangmenüs, am Tisch serviert, müssen nicht nur den festlichen Galas vorbehalten sein. Die Teilnehmer von Arbeitstagungen, die stundenlang in Workshops büffeln, sollten Sie durch ein Mehr an Service beim Essen belohnen.

Gute Küchenchefs sind immer auch Künstler, die dem Auge etwas bieten. Ich bewundere die Kreationen auf den Tellern, die fast zu schade zum Essen sind.

Bei der Namensfindung für die Menükarte, aber auch auf den Tellern selbst lassen sich Bezüge zu einer Marke, einem Unternehmen oder einem Produkt herstellen wie farbiges Gemüse und Früchte im Corporate Design oder ein Dessert in Logoform. Fragen Sie Ihren Caterer und fordern Sie seine Fantasie heraus. Allerdings sollte das Ergebnis in jeder Beziehung angemessen sein, also noch essbar, appetitlich und witzig, aber nicht lächerlich.

Bei Mittagsmenüs sollten Sie je Vor- und Nachspeise mindestens 30 Minuten rechnen, für einen Hauptgang mindestens 45 Minuten. Abends kann es dann auch noch etwas länger sein. Sprechen Sie die Zeiten mit dem Caterer ab und hinterfragen Sie den geplanten Personaleinsatz. Nichts ist peinlicher, als wenn an den einen Tischen schon das Dessert und an den anderen erst der Hauptgang serviert wird.

Eine Kompromissform aus Buffet und Tellergericht ist das „fliegende Buffet", bei dem das Servicepersonal mit den Platten an den Tischen „vorbeifliegt". Das spart Zeit und ist besonders für Vor- und Nachspeisen geeignet.

Es muss ja nicht immer gleich ein tonnenschweres Buffet oder zehngängiges Menü sein. Bei wenig Zeit, kleinen Budgets, für zwischendurch oder zur Begrüßung bieten sich andere Formen an: Das Kanapee ist tot, es lebe das Fingerfood.

Fingerfood

Essen ist aber auch ein haptisches Erlebnis. Vielleicht ist deshalb Fingerfood so beliebt. Hier kommt es nicht nur auf frisches und appetitliches Aussehen an, sondern auch auf die Handhabbarkeit. Wenn ein durchgeweichter Happen in der Hand und auf dem Kostüm oder Anzug zerlappt, nutzt die tollste Kombination von ursprünglich saftigstem Fleisch und knusprigstem Teig nichts mehr.

Wenn die Teilnehmer vom Fingerfood alleine satt werden sollen, dann brauchen sie mehr oder größere Portionen.

Physiologische Aspekte

Unterzuckerte Menschen sind nicht nur unkonzentriert, sondern werden irgendwann auch unfreundlich. Sorgen Sie daher in Veranstaltungspausen für kleine Snacks. Ob Obst, frische Fruchtsäfte, Müslis und Joghurts oder Gebäck am Nachmittag, sie sorgen zwischendurch für Zucker- und Energiezufuhr.

In klimatisierten Räumen sollten Sie zudem auch genug Mineralwasser ohne Kohlensäure anbieten. Lufttrockenheit und Dehydrierung durch zu viel Kaffee behindern die Aufmerksamkeit.

Falls Sie mit der gesunden Seite des Essens und Trinkens beim Catering bewusst verfahren wollen, empfehle ich Ihnen das Buch von Gudrun Dalla Via „Powernahrung fürs Gehirn" (Reinbek, 1998) zur Lektüre.

Getränke

Tagungsgetränke sollten gesund und möglichst ohne Alkohol sein. Das hängt jedoch auch von den Teilnehmern ab. Franzosen den Wein oder Bayern das Bier vorzuenthalten ist vielleicht nicht so klug.

Die Getränke müssen zum Budget, vor allem aber zum Essen passen.

Um die Kosten im Griff zu behalten, sollten Sie einen Pauschalpreis für Speisen und Getränke ausmachen, denn gute und erfahrene Caterer können die Trinkfreudigkeit von Teilnehmern gut einschätzen.

Tisch- und Buffetdeko

Inszenieren Sie das Buffet oder die Tische. Die Deko fängt mit Gedecken, Bestecken, Gläsern, Servietten und Tischdecken an. Die gezielte Auswahl oder Gestaltung ist der erste Teil der Deko: Standardware oder Luxustafelsilber?

Oder lassen Sie Künstler die Tischdecken und Servietten mit ungiftiger Sprühfarbe gestalten. Nehmen Sie mal Bananenblätter statt Teller.

Tischdeko (Quasar Communications)

Deko mit Wegwerfcharakter, wie Schnittblumen oder Salatblätter als Unterlagen, können, aber müssen nicht sein. Wie wäre es mit Modellautos als Salz- und Pfefferstreuer für einen Autoversicherer als Veranstalter oder mit als origami-gefaltete Zeitung aufgemachten Servietten für einen Presse-Event? Ihrer Fantasie steht höchstens der Brandschutz in einer Location entgegen. Klären Sie ausgefallene Ideen und Wünsche frühzeitig mit dem Betreiber oder der Feuerwehr ab.

Wenn Gäste die Tische heimlich plündern, ist das ein Zeichen dafür, dass sie unzufrieden sind und sich entschädigen wollen. Tun sie das offen, dann hat ihnen der Event gefallen und sie wollen ein Souvenir. Konzipieren Sie die Tischdeko doch einfach direkt als „Take-away".

Tischordnung

Wollen Sie die freie Kommunikation oder eine geregelte Tischordnung? Es kommt auf den Charakter Ihres Events an, wie Sie die Location betischen. Runde Tische sind kommunikativer als lange viereckige, da sich alle Gäste gleichberechtigt sehen können. An einem runden Banketttisch mit zwei Metern Durchmesser finden bei einem formellen Dinner mit vielen Speisenfolgen acht Personen Platz. Bei Kapazitätsproblemen im Saal können Sie notfalls auch noch zehn, maximal zwölf Gäste pro Tisch platzieren. Allerdings findet dann schon Tuchfühlung statt.

Die Tischordnung ist immer ein heikles politisches Thema, denn gerne werden Mitarbeiter, die unbedeutend oder in Ungnade gefallen sind, möglichst weit weg vom Vorstandstisch verbannt. Als Agentur hat man darauf wenig Einfluss und kurzfristige Änderungen sind bis unmittelbar vor der Veranstaltung an der Tagesordnung.

Gerade bei großen Events ist das problematisch, da das Finden des zugewiesenen Tisches nicht so einfach ist. Gedruckte Tischordnungen mit Plänen, welche die Teilnehmer schon vorab erhalten, wären eine Lösung. Aber wegen der Änderungsfreudigkeit der Veranstalter sind sie selten praktikabel.

Am einfachsten geht es, wenn Sie „Empfangschefs“ benennen, die anhand aktuellster Namenslisten gut informiert sind und die Orientierung über die Tische haben. Sie weisen den Teilnehmern ihren Tisch zu. Auf jeden Fall sollten Sie dies nicht nur dem Caterer überlassen, sondern als Gastgeber personelle Präsenz zeigen. Im Raum verteiltes zusätzliches Personal sollte zumindest wissen, wo welcher Tisch ist, um auf den letzten Metern eventuell zum richtigen Platz zu helfen.

Mögliche Tischordnungen

- Strikte Tischordnung
- Freie Wahl
- Tischregionen

Gehen Sie auch mal offensiv mit den kommunikativen Möglichkeiten um. Cliquenbildung können Sie aufbrechen und Sie fördern das Kennenlernen, wenn Sie vorher noch unbekannte Teilnehmer durch das Essen zusammenbringen.

Bei mehrtägigen Events gibt es mehrere Cateringanlässe. Planen Sie diese abwechselnd mit fester Tischordnung und freier Wahl. Zu viel Zwang wird als Gängelung empfunden und ist kontraproduktiv.

Ich habe gute Erfahrungen mit den Mischformen gemacht. Bei einer Tagung zum Thema Europa wurden die Teilnehmer zum Abendevent in definierten Gruppen bestimmten „Ländern“ zugeteilt. Die Tische waren an ihrer „landestypischen“ Dekoration und deutlich sichtbaren Flaggen erkennbar. In den einzelnen Betischungsregionen konnten die Teilnehmer aber ihren Platz frei wählen.

Bei einem anderen Event waren die Tischgruppen nach den weltweiten Niederlassungen benannt und dekoriert: Kapstadt, Peking, Sao Paulo, Madrid und Bremen. An jedem Tisch saß ein „Gastgeber“ aus dem entsprechenden Land, um ganz informell Auskunft über das Land und den Standort geben zu können.

Liebe geht bekanntlich durch den Magen. Das gilt auch bei einem Marketing-Event. Ein Catering mit unzureichendem Service und schlechter Qualität speichern die Teilnehmer im Elefantengedächtnis.

Essen und Trinken inspirieren nicht nur zur Kommunikation, sie sind selbst Kommunikation.

Zum Schluss noch eine ethische Bemerkung: Sollte man sich überhaupt so viele Gedanken zum Thema Catering machen? Ich finde ja, denn wenn wir es nicht tun, wird der Hunger in der Welt auch nicht geringer. Die Folgen der Gleichgültigkeit aber sind die Lebensmittelskandale und der Verlust der Nährstoffe in den Lebensmitteln durch übertriebene industrielle Produktion.

2.9 Haptische Erlebnisse

Das Ansprechen des Tastsinns bei einem Marketing-Event verlangt viel Fantasie in der Kreationsphase. Was ist sinnvoll und wie lässt sich das, gerade bei vielen Teilnehmern, verwirklichen?

Es kann ein besonders weicher oder unterschiedlich harter Fußboden sein, der ein „ergehbares" Erlebnis schafft. Wer viel auf den Beinen und Füßen ist, weiß, wie wohltuend das ist. Deshalb bieten sich solche haptischen Inszenierungen gerade bei Messeständen an, zwischen denen die Besucher lange Strecken auf dem Hallenboden zurücklegen.

Oder wie wäre es mit einer „Tastbar", die vollkommen abgedunkelt ist und in der sich die Oberflächen eines neuen Produktes erfühlen lassen, sei es ein Handy, braune oder weiße Ware oder die Innenausstattungsvarianten eines Automobils?

2.10 Aktion

Lassen Sie Ihre Teilnehmer nicht nur konsumieren, sei der Event auch noch so sinnlich. Sie kennen das aus eigenen Lernsituationen Ihrer Kindheit. Waren mit den Lerninhalten intelligente Aktivitäten verbunden, erhöhte sich Ihre Lernleistung automatisch. Genau das wollen Sie ja auch durch Marketing-Events erreichen, dass die Botschaft ihr Ziel besser erreicht und länger im Gedächtnis bleibt.

Verhältnis zwischen Aktion und Kommunikationsziel

- Angemessen
- Zumutbar
- Passend
- Handhabbar
- Wirksam

Aktivieren Sie Ihre Teilnehmer. Bewegen Sie sie im unmittelbaren Wortsinn.

Lassen Sie Ihre Gäste von Erlebnisstation zu Erlebnisstation gehen. Das kann sogar in großen Gruppen geschehen. Warum nicht von ein paar „Vorturnern" animiert ein Thema gestisch umsetzen lassen?

Bringen Sie einer Vertriebscrew das Motto der neuen Marketingstrategie beim Kick-off-Event durch Gebärdensprachelehrer in Zeichensprache bei. Sie können sicher sein, dass die Teilnehmer das nicht nur bei der abendlichen Party aufgreifen, sondern auch noch bei der nächsten Tagung, wie ich aus eigener Erfahrung weiß.

Oder durchmischen Sie die nächste Sales-Tagung mit Aktionen. Um das Gefühl „Alle in einem Boot" für 150 Außendienstler hautnah erlebbar zu machen, habe ich sie auf ein Museumsschiff verfrachtet, das klargemacht wurde. Rostklopfen gehörte ebenso zu den

Aktionen wie Deckschrubben und Anstreichen, was auch von den Teilnehmerinnen angenommen wurde.

Bei einer anderen Tagung mussten Pharmareferenten angeleitet von Künstlern und den Produktmanagern die im Infoteil vorgestellten neuen Produkte tatkräftig interpretieren. Mit Farben und Flächen, in Ytongstein gehauen oder als dreidimensionale Collagen entstanden Kunstwerke, die später das Verwaltungsgebäude als Ausstellung zierten.

Auf der Automesse in Detroit haben wir Werbespots von Volkswagen of America für die Messebesucher erlebbar werden lassen: In einem Werbefilm zum VW-Golf singen zwei junge Leute den Song „Mr. Roboto" mit. Auf dem Messestand wurden die Besucher aufgefordert, beim Probesitzen im Auto das Stück mit Unterstützung eines Karaokemonitors selbst zu singen. Von ihrer Aktion erhielten sie abschließend als Give-away eine live gebrannte Audio-CD. Diese Idee für die Vok Dams Gruppe entwickelte sich zum heimlichen Hit der ganzen Automobilmesse.

Mr. Roboto (Vok Dams Gruppe)

Inszenierung ist viel mehr als der Einsatz von Licht, Show-Act und Ton. Kopieren oder klonen Sie nicht einfach die bekannten Formate von erfolgreichen Gameshows, Quizsendungen oder Fernsehgalas.

Es kommt immer auf Ihre Idee an, und die sollte so originell, authentisch und nachhaltig wie möglich sein. Nur dann wird Ihr Event wirklich unverwechselbar und effektiv.

Teil IV

Selber machen oder mit einer Eventagentur?

IV

Events sind anstrengend, stressig und kompliziert. Und da sie live stattfinden, haben Sie nur eine einzige Chance, Ihre Teilnehmer wirklich zielgenau mit Ihrer Botschaft zu erreichen.

Ihre Vorgesetzten sind skeptisch und Ihre Kollegen aus dem Team sind auch schon mit den Nerven fertig. Alles müssen Sie selbst entscheiden und als Eventmanager fühlen Sie sich manchmal als einsamster Mensch der Welt.

Wenn Sie also in einem Unternehmen Events heute schon oder in Zukunft verantworten, sind Sie oft mit der Frage konfrontiert: „machen" oder „einkaufen"?

Wer Events macht und ehrlich ist, weiß aus eigener Erfahrung, dass die Make-or-Buy-Frage einen umtreiben kann. Doch genau in dieser Situation gibt es Hilfe. Nämlich professionelle Dienstleister, Eventagenturen, Freelancer und Berater, die einem zwar nicht die Verantwortung, aber die Arbeit abnehmen und erleichtern können.

Prüfen Sie also rechtzeitig, ob Ihnen intern Erfahrung, Kompetenz, Ressourcen und Kapazitäten in ausreichender Zahl zur Verfügung stehen. Wenn eine komplette Marketingabteilung mit der Planung eines großen Events lahmgelegt wird, also ihre eigentlichen Aufgaben liegen bleiben, rechnet sich das unter dem Strich bestimmt nicht. Externe Hilfe durch eine Eventagentur muss her.

Es gibt im deutschsprachigen Raum inzwischen viele ernst zu nehmende Eventagenturen, vom Einmann- oder Einfraubüro bis zu den Marktführern mit 90, 100 oder mehr Mitarbeitern. Die typische Eventagentur gibt es allerdings nicht. Zu unterschiedlich sind Entstehungsgeschichte, Größe, Geschäftsfelder, Philosophie oder Kunden. Doch können einige wenige wesentliche Aufgaben und Arbeitsabläufe ausgemacht werden, die jeweils immer ziemlich identisch sind. Zur Agenturauswahl später mehr.

Die erste Aufgabe der Agentur ist es natürlich, Sie als Kunden zu gewinnen. Sie lernen in dieser Phase Kontakter und Berater kennen. Besonders wichtige oder große Kunden werden von der Geschäftsführung betreut.

Sie erteilen im nächsten Schritt den Auftrag zur Erstellung eines Konzeptes. Nun treten die Spezialisten auf den Plan. Sie lernen in dieser Phase oft schon die späteren Projektmanager kennen. Auf Grundlage Ihres Briefings und Ihrer Wünsche erarbeitet die Agentur ein Konzept. Oft werden in dieser Phase „freie" Konzeptioner herangezogen, um einen zusätzlichen Input an Kreativität zu geben. Der nächste Arbeitsschritt ist die Recherche, also das Überprüfen der gewonnenen Ideen und die konkrete Ausarbeitung. Aber davon bekommen Sie nur die Ergebnisse mit. Das Konzept wird präsentiert und es gefällt Ihnen.

Sie erteilen den Auftrag zur Umsetzung. Nun beginnt die Hauptarbeit der Projektmanager. In dieser Phase werden die recherchierten Fakten zu Aufträgen für die Leistungsträger, die an der Realisierung des Events beteiligt sind.

Bei kleinen Agenturen finden fast alle Arbeiten in Personalunion statt. In großen gibt es Arbeitsteilung, die gerade bei Großprojekten nicht nur sinnvoll, sondern notwendig ist, um die oft komplexen Aufgaben auch unter Zeitdruck zu bewältigen.

Neben der eigentlichen Konzept- und Umsetzungsarbeit bieten viele Eventagenturen weitere Leistungen an. Mal ist das die eigenständige Reiseorganisation für die Teilnehmer, mal eine eigenständige Medienproduktion. Es gibt Abteilungen oder Units für Präsente und Give-aways. Printmittel im Umfeld eines Events, wie beispielsweise Einladungen, werden durch interne Werbeagenturen aus eigener Kraft entworfen und in der Produktion gesteuert. Andere Agenturen verfügen über eigene Ton-, Medien- und Lichttechnik.

Aber welche Agentur ist die richtige? Diese schwierige Frage ist ganz einfach zu beantworten. Wählen Sie die Agentur aus, die zu Ihnen und auf den Job passt: Ist sie kreativ und kompetent, erfahren und groß genug, branchenerfahren und stimmt die Chemie?

Hier ein mögliches Entscheidungsraster:

Welche Agentur ist die richtige?

Für eine Agentur spricht	Gegen eine Agentur spricht
■ Erfahrungen ■ Kenntnisse ■ Kontakte zu Dienstleistern ■ Offenheit und Aufgeschlossenheit ■ eventuell schon Erfahrung mit Wettbewerbern ■ bietet nachhaltige Entlastung	■ Kosten, die vom Budget abgehen ■ Agentur versteht mich nicht ■ Betriebs- oder Branchenblindheit ■ ist nur sehr aufwändig zu steuern ■ kennt meine Zielgruppe nicht so wie ich selbst

Wägen Sie die Pros und Kontras ernsthaft ab. Es ist wie beim Bergsteigen. Nur erfahrene Alpinisten brauchen keine Bergführer. Doch bei großen Expeditionen nutzen auch sie die fremde Hilfe.

Die Gelben Seiten sind sicher nicht der richtige Griff, um sich den Marktüberblick zu verschaffen. Empfehlenswert sind die Serviceteile der Fachzeitschriften wie Event Partner, BlachReport, Expodata (CH), in denen Sie auch Berichte über Agenturen und ihre Projekte finden.

Im Internet gibt es verschiedene Portale, in denen Agenturen eingetragen sind (www.eventmanager.de).

Ein Gütesiegel für Agenturen ist die Mitgliedschaft im Forum Marketing-Eventagenturen (www.fme-net.de), das etwa 50 Mitglieder zählt. Neben den Marktführern sind dort auch kleinere Agenturen vertreten. Einen ähnlichen Verband gibt es mit dem Event Marketing Board Austria (www.emba.co.at) in Österreich, in der Schweiz gibt es den Expo-Event-Verband (www.expo-event.ch). Weltweit werden Sie bei ISES International Special Events Society fündig (www.ises.com).

Verschaffen Sie sich also zunächst einen Agenturüberblick:

- Bieten sie Spezialitäten oder haben Schwerpunkte?
- Was sagen die Homepages aus?
- Welche sagt Ihnen auf Anhieb zu, welche weniger?

Fordern Sie Informationsmaterial wie Imagebroschüren und eventuell Fallbeispiele und Referenzen für Ihre spezifische Aufgabe an. Fragen Sie Kollegen aus dem eigenen oder fremden Unternehmen.

Gerade wenn Sie eine große Aufgabe vor sich haben oder sich für einen längerfristigen Partner entscheiden wollen, laden Sie sich bei drei oder sechs Agenturen ein. Agenturpräsentationen sind nicht kostenpflichtig. Trotzdem sollten Sie mit Ihrer Zeit und der der Agentur sorgsam umgehen. Waren die richtigen Partner noch nicht dabei? Dann erweitern Sie den Kreis. Hier einige Entscheidungskriterien:

Entscheidungskriterien für den Vergleich zwischen Agenturen

Keyfacts	■ Kreativität? ■ Kompetenz? ■ Erfahrung? ■ Wissen? ■ Organisationsstärke? ■ Hat die Agentur Erfahrung in der Art des geplanten Events? ■ Hat sie Branchenerfahrung in der Branche des Auftraggebers?
Softfacts	■ Versteht sie mich? ■ Ist sie flexibel? ■ Passt sie von der Denke? ■ Ist sie zu ausgeflippt? ■ Ist sie zu bieder?
Hardfacts	■ Ist die Agentur im geplanten Realisierungszeitraum überlebensfähig? ■ Referenzen? ■ Liquidität? ■ Kapazitäten? ■ Regional nahe? ■ Mitglied in renommiertem Verband?

Legen Sie vorher fest, welche Faktoren für Sie wichtig und welche weniger relevant sind.

Ein Event ist ein sehr komplexes Gebilde. Sie müssen nicht nur Ihr Marketingziel erreichen, es gibt auch vielfältige organisatorische und juristische Aspekte zu bedenken, die es erforderlich machen können, einen in diesen Fragen kompetenten Partner hinzuzuziehen. Ausländersteuer, Urheberrecht, Künstlersozialversicherungsgesetz, Versammlungsstättenverordnung, Versammlungsgesetze, Emmissionsschutzauflagen, Landschaftsschutz, Haftungsfragen, Genehmigungen, Unfallverhütungsvorschriften, Vertragsrecht ... alle diese Schlagworte stehen oftmals für komplizierte Verfahren. Wollen Sie sich das wirklich zumuten? Stellen Sie aber auch der Agentur die Frage, ob sie in diesen Dingen kompetent ist.

Wenn dann Ihr konkreter Marketing-Event geplant ist, ist es üblich, Agenturen zu einer Wettbewerbspräsentation oder einem so genannten Pitch (gegen Honorar) einzuladen. Gemäß Ihrer Aufgabenstellung, dem so genannten Briefing, das Sie schriftlich oder mündlich geben, erarbeiten die Agenturen unterschiedliche Konzeptansätze. Ihnen bleibt dann die Qual einer hoffentlich guten Wahl.

Diese ersten Schritte sind also:

- Agenturauswahl (Monitoring oder Screening)
- Aufgabendefinition (Erstellung des Briefings)
- Einladung der Agenturen zum Briefing
- Briefing (mündlich oder schriftlich)
- Beauftragung der Agenturen zur Konzepterstellung
- Überprüfung des Briefings durch die Agentur = Debriefing
- Konzepterstellung
- Konzeptpräsentation
- Entscheidung

Und so geht es weiter:

- Eventuell erneutes Rebriefing
- Beauftragung zur Umsetzung
- Realisierung
- Durchführung am Tag X
- Abrechnung
- Schlussanalyse

Kein Event ist wie der andere. Was auf Form und Inhalt zutreffen sollte, gilt auch für die organisatorischen Aspekte. Gerade in langen Planungszeiträumen ergeben sich Änderungen in der Aufgabenstellung. Adaptionen, Änderungen oder Überarbeitung der Kalkulationen können notwendig werden. Und oft genug ist bei einer komplizierten Aufgabenstellung der erste Konzeptansatz nicht der beste. Also kann der Pitch schnell zwei oder drei Stufen haben.

Und hier noch ein Ratschlag zum Briefingverfahren. Laden Sie zum mündlichen Briefing nicht alle Agenturen gleichzeitig ein. Wenn es aus zeitlichen Gründen nicht anders gehen sollte, dann informieren Sie die eingeladenen Agenturen offen darüber und frühzeitig.

Natürlich kostet die Beauftragung einer Agentur Geld. Doch besonders wenn Sie mit einem Event ins Ausland gehen, wird es kompliziert. Welche Gesetze gelten dort? Wer sind die zuständigen Institutionen? Gerade die Einbeziehung von ortskundigen Agenturen macht also Sinn. Weltweit gibt es mehrere Verbände, wie ISES International Special

Events Society oder MPI Meeting Professionals International, unter deren Mitgliedern Sie vor Ort Spezialisten finden.

Allerdings nennen sich diese Partner im internationalen Sprachgebrauch oft nicht Eventagentur. Hier sind die Begriffe wie PCO Professional Congress Organizer oder DMC Destination Management Company oder Incoming Agency üblich. Die Auswahl eines internationalen Partners sollte erst nach sorgfältiger Prüfung erfolgen.

Teil V

Ausblick: Nur wer sich ändert, bleibt sich treu

V

Die großen Megatrends sind klar. Aber wie entwickelt sich die Live-Kommunikation und was sind ihre Zukunftsthemen? In Rückblick haben sich scheinbare Trends als Luftblasen erwiesen. Anfang des Jahrtausends sahen Branchen-Propheten die Live-Events aussterben und durch Online-Events ersetzt. Dann sagten die Kassandras das Ende der Eventagenturen voraus, weil bei der Integrierten Kommunikation die Networks und Werbeagenturen den Vorteil auf ihrer Seite hätten. Es stimmt, große Eventagentur-Player sind vom Markt verschwunden, aber das hat andere Gründe. Ansonsten machen nicht nur in Deutschland immer noch die Eventagenturen den Hauptteil der Veranstaltungen. Evaluierung war ein weiteres Stichwort, durchgesetzt hat sie sich auch nicht.

„Green Events", also die Vereinbarkeit unseres Tuns mit der Umwelt, ist sicher ein wichtiges Thema. Es ist keine Frage des Trends, sondern der Haltung. Das ist in der Branche – zumindest im Denken – schon weit verbreitet. Auf Kundenseite fehlt leider die klare Haltung. Aber das ist entweder eine Frage der Zeit oder der Gesetze und Verordnungen aus Brüssel.

Ein eindeutiger Trend ist die Live-Kampagne, deren Auslöser ein Live-Event ist, die dann crossmedial, vor allem aber auf Social-Media-Kanälen Reichweite erzielt. Mit dem Spacejump des Basejumpers Felix Baumgartner erzielte eine Energydrink-Marke weit über 40.000.000 Clicks. Das Grundprinzip ist immer gleich, denn ein inszeniertes Live-Ereignis wird medial verbreitet und erzielt so eine Reichweitenpotenzierung, die nur medial möglich ist. Bei der Inszenierung muss es gelingen, die Mechanismen von Medien und Live zusammenzubringen.

Green Event

Der Klimawandel macht vor der Live-Kommunikation nicht Halt. Nachhaltigkeit ist mehr als ein Schlagwort und auf politischen Ebenen wird in Brüssel längst an Verordnungen gearbeitet, die auch unsere Branche betreffen. Man kann nur darauf warten oder aktiv werden. Viele Locations, Hotels und Caterer haben das bereits getan. Und langsam überholt uns Deutsche, die wir mal im Umweltschutz führend waren, die eine oder andere Nation, von der wir das nie gedacht hätten.

Nicht mehr lange und der CO_2-Footprint eines Events ist ein ernsthaftes Entscheidungskriterium für die Unternehmen, neben Kreativität und Budget. CO_2 steht in der Diskussion stellvertretend als „Gradmesser" auch für andere Treibhausgase und Schadstoffe.

Nachhaltige Events

Natürlich geht es bei „Green Events" nicht nur um Kohlendioxid. „Nachhaltige Events" bedeutet mehr. Das betrifft nicht nur ökologische, sondern auch sozio-kulturelle und ökonomische Standards. Im Extremfall geht es an die Substanz unserer Branche. Ist der Veranstalter ein Unternehmen, das immer wieder wegen Kinderarbeit in die Schlagzeilen geriet? Oder werden an den Standorten Sozialstandards nicht eingehalten? Und was ist mit der Klimabilanz eines Events?

Denn die Frage taucht schon auf und wird in Zukunft noch nachdrücklicher gestellt werden: „Brauchen wir überhaupt ein Live-Ereignis, bei dem 100, 1.000 oder 10.000 Menschen aufwändig zusammengebracht werden?"

Wenn es um die Vermeidung oder Reduktion von CO_2 geht, gilt generell eine dreistufige Strategie:

Vermeidung

Eine vollkommene Vermeidung gibt es nicht. Im Extremfall hieße das, ein Event findet nicht statt. Die Live-Begegnung hat aber ihre guten Seiten und Potenziale, weshalb wir uns Gedanken machen müssen, wie wir die Formate der Live-Kommunikation nachhaltig gestalten können.

Reduzierung

Wie können wir CO_2 deutlich reduzieren? Als Erstes fallen einem natürlich die großen Stromverbraucher ein, wie das Licht. Dann kommt das Catering hinzu. Aber im Vergleich zu den An- und Abreisen der Teilnehmer sind diese eher marginal.

Die erste Überlegung sollte also immer sein, wo ist die Destination und Location, die durch ihre Lage und Erreichbarkeit am wenigsten CO_2 verursacht? Fernstreckenflüge und individuelle Anreisen sind hier klimaschädlicher als zum Beispiel die gemeinsame Zugreise in einem Sonderzug der Schweizer Bundesbahn, die 2011 schon 75 Prozent ihres Stromverbrauchs aus Wasserkraft bezog. Die Deutsche Bahn deckte übrigens im gleichen Jahr nur 20 Prozent ihres Energiebedarfs auf grüne Weise, was allerdings gegenüber einer Fluggesellschaft immer noch viel ist. Gerade bei den großen globalen Automobilevents mit 4.000 oder 6.000 Gästen wird man die Gäste ein- und ausfliegen müssen. Hier sind Destinationen, die per Nonstopflug erreicht werden können, von Vorteil.

Natürlich kann man bei eingesetzten Materialien und Lichttechnik mit LED noch einiges einsparen. Und nichts spricht dagegen, die Lebensmittel fürs Catering möglichst regional zu beziehen. Auch eine Location oder ein Hotel tragen durch eine moderne klimafreundlichere Infrastruktur weniger zum CO_2-Footprint bei. Aber es wird kaum einen Event geben, den man mit diesen Maßnahmen auf völlige Klimaneutralität trimmen kann.

Kompensation

Leider wird dieser Schritt noch zu selten gewählt. Immer wieder stößt man auf das Vorurteil, dies sei ein „Ablasshandel". Denn hier geht es schlicht darum, durch gekaufte Klimazertifikate die Event-Ökobilanz auszugleichen: Also, wenn nicht vermieden und reduziert werden kann, für die restlichen Tonnen CO_2 zum Beispiel Regenwald aufzuforsten oder in ein Windkraftwerk in China, Brasilien oder Holstein zu investieren.

Hier hat sich ein neuer Markt an Dienstleistern etabliert, der nicht immer transparent ist, aber – ganz ehrlich – gibt es für uns eine Alternative? Bei der Vielfalt an Anbietern für klimaneutrale Lösungen empfiehlt es sich, auf Dienstleister zurückzugreifen, die nachweisliche Kompetenz in der Meeting-, Incentive-, Konferenz- und Eventbranche haben, wie zum Beispiel atmosfair.de.

Wer überhaupt wissen will, wie der so genannte „CO_2-Footprint" seines geplanten Events oder Incentives aussieht, für den gibt es im Internet oder als App Kalkulatoren. Die Agentur VOK DAMS hat schon 2007 einen kostenfreien CO_2-Rechner angeboten (www.vokdams.de/flashcalc.php), den es auch als App gibt. Auch das GCB German Convention Bureau e.V. bietet einen Online-Kalkulator an (http://gcb.raumobil.de).

Auch Eventagenturen können etwas tun, indem sie nachhaltig und klimaneutral agieren. Der FAMAB, Verband Direkte Wirtschaftskommunikation e.V., erarbeitete mit einem Arbeitskreis sowie renommierten Partnern wie CO_2OL Branchenstandards für nachhaltiges Wirtschaften in der Live-Kommunikation, zu dem natürlich mehr gehört als nur der Klimaschutz. Anhand eines neun Bereiche umfassenden Kriterienkatalogs werden Unternehmen auf alle Belange des nachhaltigen Handelns hin durchleuchtet und können nach bestandener Prüfung das Siegel „Sustainable Company powered by FAMAB" führen.

Hybrid-Event

Bisher gab es viele Live-Events und so gut wie keine Online-Events. Letztere wurden immer mal wieder in der Branche diskutiert, aber durchgesetzt haben sie sich nicht. Natürlich ersetzen Video- oder Skype-Konferenzen heute schon physische Meetings. Auch „Webinars" machen den einen oder anderen realen Workshop überflüssig Aber die rein virtuelle Messe, die virtuelle Produkteinführung oder der Online-Kick-off, sie gibt es nur als absolute Ausnahme.

Ein neues Stichwort sind so genannte Hybrid-Events. Zurzeit lässt sich noch nicht absehen, ob das mehr ein Marketing-Gag ist oder eine tatsächliche Entwicklung. Der Begriff wird sehr unterschiedlich und unscharf verwendet. Die aktuellen Definitionen sind nicht erschöpfend, da sie eher Markttendenzen beschreiben, anstatt Standards zu setzen.

Ein Marketing-Event ist eine Live-Veranstaltung, deren Zweck das Erreichen eines vorher definierten Marketingziels ist. Die Emotionalität ist hoch, die Zielgruppe physisch präsent, doch dafür ist die Reichweite vergleichsweise gering. Beim Online-Event verhält es sich umgekehrt: große Reichweite, aber geringere Emotionalisierung und nur mediale Präsenz.

Folglich käme beim Hybrid-Event beides zusammen, wenn denn tatsächlich Live- und mediales Ereignis zeitgleich stattfänden. Tatsächliche „Synchronität" der Ereignisse findet im Alltag nur mit dem Live-Streaming von AV-Signalen bei Konferenzen statt. Bei den beliebten gesteuerten Flashmobs, den Urban Hackings, ist die mediale Komponente aber nur zeitversetzt auf YouTube und Facebook möglich, – strenggenommen sind das also keine wirklichen Hybrid-Events.

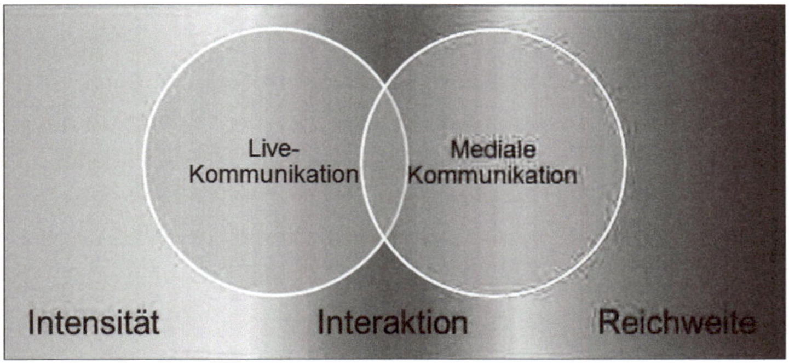

Hybrid-Event (JOKE Event AG)

Ein weiterer Aspekt ist die Interaktion. Schon Live-Events sollten sie ermöglichen. Durch die neuen technischen Möglichkeiten wird es aber möglich, dass reale oder virtuelle Teilnehmer mit- und miteinander agieren können. Im einfachsten Fall kann das schon über eine Twitterwall geschehen, bei der Content, Statements und Fragen von außen live in einen Event mittels des Services Twitter eingebracht werden. Dessen „Dramaturgie" verändert sich durch die direkte Reaktion, wenn Referenten während eines Vortrages zum Beispiel auf die mediale Reaktion eingehen.

Durch die technisch mögliche Interaktion und die niedrigen Kosten sind heute viele Gimmicks möglich, die vor fünf Jahren noch zu aufwändig und vor zehn Jahren unmöglich waren.

Unabhängig von einer befriedigenden Definition lohnt es sich aber, all das, was sich in der Begriffsblase Hybrid-Event tummelt, näher zu betrachten. Denn die neuen technischen Möglichkeiten – vom mobilen Internet zu Social Media – ermöglichen neue Kommunikationswege und Interaktionen. Diese können in allen Phasen eines Events Sinn machen, bei der Vorkommunikation, beim Event selbst oder als Nachkommunikation. Allerdings muss die Gretchenfrage erlaubt sein: Ist die Zielgruppe überhaupt geeignet? Nicht jeder Mensch besitzt ein Smartphone, darf sich am Arbeitsplatz auf Facebook tummeln oder ist ein Digital Native.

Mobile

Alle Formen können in allen drei Phasen eines Events eingesetzt werden.

Apps

Apps eignen sich dazu, Content oder Programminformationen zu vermitteln, aber auch spielerisch zu unterhalten. Ein eigens programmiertes App ist natürlich deutlich teurer als eine adaptierte Lösung, die es für eine ähnliche Aufgabe schon gibt. Das App kann es im Vorfeld schon geben, während des Events als digitales Give-away oder auch im Nachhinein als Erinnerungsanker.

QR-Code

QR steht für „Quick Response". Mit den QR-Codes lässt sich ohne große Eingabeformalitäten die Verbindung zu einer Internetseite herstellen, wo zum Beispiel spezielle Informationen zu einem Event zur Verfügung stehen. Es braucht also keine Tastatur mehr, sondern es funktioniert einfach per optischer Erkennung über eine Kamera in einem Smartphone oder Tablet-PC. Über die mobilen Endgeräte ist dies praktisch überall und jederzeit möglich. QR-Codes können auf eine Einladung gedruckt sein, sich auf den präsentierten Produkten wiederfinden, auf der Kleidung von Hostessen oder als Kreidegraffiti vor der Location.

Dazu muss die Zielgruppe aber nicht nur über ein Smartphone verfügen, sondern auch die entsprechenden QR-Reader als App installiert haben oder willens sein, das zu tun. Hier ist die Hemmschwelle der Nutzung also relativ hoch und man sollte sich den Einsatz gut überlegen. Weit gestreute QR-Codes mit einem Firmen-oder Kampagnenlogo sorgen zumindest schon für eine Grundaufmerksamkeit.

Augmented Reality

Wörtlich bedeutet „AR" „erweiterte Realität". Diese computerunterstützte Wahrnehmungserweiterung ist ein weites Feld. Im Zusammenhang mit Events versteht man darunter meistens virtuelle Objekte, die am Bildschirm oder auf dem Smartphone in ein Live-Bild eingeblendet werden oder dieses überlagern. Beispiele dazu in einem Buch darstellen zu wollen, sprengt den Rahmen des Mediums. Auf YouTube finden sich unzählige spannende und gelungene Anwendungen. „AR" lässt sich in allen Phasen eines Events einsetzen: sowohl „mobil" als auch an stationären Interaktionsstationen.

Eine Einsatzmöglichkeit sind Einladungen, die, wenn man sie aufklappt und vor die Webcam eines Rechners hält, auf dem Screen dann beispielsweise das Auto zeigen, das beim Event real vorgestellt wird. Oder aber über die Kamera des Smartphones lassen sich virtuelle Objekte sichtbar machen, die geplant, aber in der Realität noch nicht vorhanden sind. Das kann zum Beispiel auf einem Messestand sein.

„AR" kann im besten Fall eine Erweiterung der medialen Kommunikation um echte Erlebnishaftigkeit sein. Allerdings ist der Aha-Effekt schnell verpufft und es bleibt doch eher ein individuelles als ein kollektives Erlebnis.

Social Media

Die Einbindung von Social Media ermöglicht Interaktion, die im Extremfall zum „User Generated Event" führen kann. Doch die Frage ist: Was macht hier überhaupt Sinn? Bei Events, deren Hauptziel das Kennenlernen und Networking ist, kann der Event durch Social Media schon im Vorfeld beginnen.

Das ist auf bestehenden Plattformen wie Facebook, LinkedIn oder Xing sehr einfach möglich, aber auch über Intranetlösungen.

Die Mitarbeiter eines Unternehmens werden von drei Standorten an einem neuen Standort zusammengelegt. Dazu soll es einen Mitarbeiterevent geben. Die Mitarbeiter kennen sich noch nicht und haben die gleichen Probleme, ob bei der Wohnungssuche, dem Kindergartenplatz oder dem fehlenden elften Spieler in der Feierabend-Fußballmannschaft. Hier könnte man vor dem eigentlichen Einweihungsevent gleichzeitig eine Plattform anbieten, auf der vorab Kommunikation stattfinden kann. Das funktioniert aber nur, wenn der Mehrwert erkennbar ist und eine „kritische Masse" an Teilnehmern und Inhalten schon vorhanden ist.

Bei vielen Veranstaltungen werden für das Teilnehmermanagement Online-Plattformen genutzt. Erweitern Sie die Funktion und machen Sie passive Gäste zu aktiven Teilnehmern, indem diese den Event mitgestalten können. Sinnvoll kann man schon hier die späteren Besucher bei der Auswahl des Caterings, der Musik für die Party, aber auch für den Content vorab einbeziehen.

Exkurs

Ob Social Media uns so verändert, wie das als Trend gesehen wird, bleibt offen. Bisher hatten wenige Medienunternehmen das Monopol, ihre Inhalte an viele Empfänger zu senden. Heute ist es für jedermann möglich, selbst Inhalte zu generieren und andere teilhaben zu lassen. YouTube macht Stars, und Plattformen wie Facebook erlauben jetzt schon den Zugang zu fast einer Milliarde Menschen. Damit wird klar, dass das Netz und die Netzwerke eigene „Gesetze" haben.

In der Politik ist im Frühjahr 2012 mit der Piratenpartei das Phänomen so massiv angekommen, dass möglicherweise klassische Koalitionen der etablierten Parteien unmöglich werden. Bürgerbeteiligung per Internet ist ein Grundprinzip. Also finden Entscheidungen und Kommunikation nicht mehr top-down, sondern bottom-up statt. In der Theorie würde das bedeuten, dass alle Kommunikationsformen nach dem klassischen Sender-Empfänger-Modell damit auslaufen und durch Dialogformen ersetzt werden. Aus Marken- oder Unternehmenskommunikation muss dann Partizipation werden.

Twitterwalls

Twitter ermöglicht aber über so genannte Twitterwalls eine weitere Interaktion. Die Teilnehmer können permanent reagieren oder agieren. Ob als virtuelle Grußkarte bei einem Eurovision-Song-Contest oder bei Konferenzen. Die Twitterwall ist ein Screen oder eine Projektion mit den per Twitter versendeten Botschaften. Die von den – realen oder virtuellen – Teilnehmern gesendeten „Tweets" erscheinen also dort. Dazu muss, zusammen mit der Botschaft oder Frage, ein vorher festgelegter Begriff, dem das Rautezeichen vorangestellt wird, eingegeben werden. Also „#Kick-off 2012" oder „#SalesCon2012" zum Beispiel. In einer Diskussion kann dann auf die so generierten Fragen unmittelbar eingegangen werden oder Referenten können sogar während ihres Vortrages darauf Bezug nehmen. Wie sinnvoll das ist, ist eine andere Frage.

Finden bei Events parallele Workshops statt, können zum Beispiel die Themen oder Resultate getwittert und damit in Echtzeit in alle anderen Gruppen kommuniziert werden. Und wie gesagt, auch virtuelle Teilnehmer, die nicht vor Ort sind, können so teilnehmen.

User Generated Event

User Generated Content liefert die Vorlage: Die Nutzer schaffen selbst den Inhalt und veröffentlichen ihn. Die Encyclopaedia Britannica ist Historie, es lebe Wikipedia. Theoretisch könnte man so auch Events gestalten, bei denen die späteren Besucher selbst das Programm und die Form bestimmen. In Ansätzen ist das schon der Fall. Ob es Sinn macht, vor allem in totaler Konsequenz, ist aber offen und vielleicht auch fraglich.

Was interessiert die späteren Besucher? Die Frage ist einfach zu beantworten: erstens das Essen, zweitens die Musik, drittens die Inhalte. Hier im Vorfeld Mitsprachemöglichkeiten einzuräumen, zum Beispiel über eine Online-Plattform, die ohnehin schon vor dem Hintergrund eines Online-Anmeldeverfahrens zur Verfügung steht, kann die Teilnehmer durchaus motivieren. Vorausgesetzt, man lässt nicht „freie Wahl" zu, sondern bietet eine Auswahl an attraktiven Optionen, ist der spätere Aufwand, die Cateringwünsche umzusetzen oder die Playlist der Partyband entsprechend zu gestalten, gering.

Das Ganze muss natürlich nicht nur kommuniziert, sondern auch initiiert werden. Denn erreicht man nicht die kritische Masse, die es für den Schneeballeffekt braucht, erstickt der Ansatz im Keim. Das betrifft auch das Sammeln von Contentvorschlägen. Der Aufwand beim Initiieren ist nicht zu unterschätzen und die Maßnahmen müssen gut geplant sein.

Urban Hackings

Die Marketingkommunikation hat die Flashmobs entdeckt, jenes spaßvolle und sinnlose Verabreden und Zusammentreffen zu einer Aktion, deren Dokumentation sich nachher im World Wide Web zur Weiterverbreitung wiederfindet. Ob Kissenschlachten im Park, das Einfrieren an öffentlichen Plätzen wie der New Yorker Central Station oder tausende Menschen, die plötzlich einen Burger in derselben Filiale kaufen. Die Vorbereitung ist gering, die Teilnahme unberechenbar. Je witziger die Aktion ist, umso eher wird sie dann „viral" im Internet verbreitet. Dazu werden in der Regel selbst gemachte Videos von den Akteuren selbst genutzt. Natürlich finden sich auch Passanten als zufällige Zeugen, die das Spektakel per Handycam aufnehmen. Es ist ein Phänomen der dritten Art, warum sich die eine Aktion schlagartig um die Welt verbreitet und zigtausende bis Millionen Clicks erzielt und andere im Cyberspace versanden.

Aktionskünstler nutzen diese Form und haben sie stärker gesteuert, damit wird sie zu „Urban Hackings". Das ist der Eingriff ins städtische Alltagsleben.

Der öffentlichen Aktion, dem Public Event, folgt zeitnah die virtuelle Verbreitung. Diese ist unmittelbar mit dem Zweck der Aktion verknüpft und live der Auslöser dessen, was medial im Internet passiert. Wenn man Hydrid-Events streng definiert, dann ist das sicher das Eventformat, das am ehesten die Kriterien erfüllt.

Flashmobs faszinieren, weil sie kommunikativ viel erreichen: quantitativ eine Menge Menschen, aber auch Veränderungen. Ob die Proteste im Iran oder im arabischen Frühling, sie wären ohne Facebook und Twitter nicht denkbar gewesen.

Natürlich haben Unternehmen und Werber das Potenzial sehr schnell erkannt und Urban Hackings organisiert, die sogar Teil einer Werbekampagne wurden. T-Mobile ist ein Vorreiter mit Tanzmobs an Hauptbahnhöfen, Singmobs am Trafalgar Square oder im Leipziger Hauptbahnhof zum Tag der Deutschen Einheit.

„Singmob" für den Dräger WeltFrühchenTag 2011 (JOKE Event AG)

Was nur scheinbar so spontan aussieht, ist mit großem Aufwand durchinszeniert und medial professionell verbreitet. Blogger und andere gut vernetzte Persönlichkeiten werden genutzt, die Videos zu platzieren und weiter zu verbreiten. Der Live-Event an sich ist noch relativ einfach umzusetzen, aber die mediale und virale Reichweitenverlängerung muss gut durchdacht, geplant und professionell umgesetzt werden.

Neben Live-Inszenierungen mit Tanz oder Gesang, finden sich aber auch spektakuläre Gebäudeprojektionen im Kern der Aktion. Die Gebäude werden im Stil von „son et lumière", aber Version 3.0 bespielt. Das sind so genannte 3-D- oder 4-D-Mappings. Alle Unebenheiten in der Fassade haben trotzdem ein scharfes Bild, Medienserver machen es möglich. Eine Projektionsshow mit großen Motiven, teilweise mit Live-Akteuren kombiniert, liefert Bilder mit der Fassade als Leinwand, die um die Welt gehen. Adidas hat es erfolgreich in Marseille vorgemacht, Hyundai mit einer Produkteinführung des Accent in Kuala Lumpur an einer senkrechten Wand. Beide und viele weitere Projekte finden sich auf YouTube unter dem Suchbegriff 3-D-Mapping. Das zeigt aber, dass das Stilmittel und Format längst kommunikativer Mainstream sind.

Hybrid-Events stehen am Anfang. Ob sie sich durchsetzen, muss sich zeigen. Noch überwiegen die auf die Konsumenten ausgerichteten Projekte, denn nur sie werden in einem breiten Umfeld öffentlich. Viele Ansätze lassen sich auch bei B2B-Events umsetzen, was sicher schon geschieht, aber eben jenseits der großen Medienöffentlichkeit. Wir können gespannt sein.

Nachwort

Schön, dass Sie mir bis zu diesem Schlusswort als Leser treu geblieben sind. Vielleicht geht es Ihnen nun wie mir, denn man könnte noch hier vertiefen und dort ausführen. Was für einen Event zutrifft, nämlich nicht zu viele Themen und Inhalte darin unterzubringen, gilt auch für ein Buch. Ich freue mich, wenn Ihnen die Informationen und Tipps im Alltag helfen und wenn Sie Anregungen finden.

Am meisten freut mich aber, wenn Sie sagen, dass man dies oder das auch noch anders machen kann. Kreativität bricht mit Konventionen und diese sind der Feind aller Spannung. Ich wünsche Ihnen viel Erfolg und auch Spaß mit Ihren Events!

Literaturhinweise, Fachzeitschriften und nützliche Adressen

Event-Marketing

- Beilke, Frank: Eventagenturen in Deutschland. Düsseldorf 2001
- Bremshey, Peter / Domning, Ralf (Hrsg.): Eventmarketing. Die Marke als Inszenierung. Wiesbaden 2001
- Erber, Sigrun: Eventmarketing. Erlebnisstrategien für Marken. Landsberg 2005
- ESB Europäische Sponsoring-Börse (Hrsg.): Event-Planer, Hilfe für den Veranstaltungserfolg. St. Gallen 1998
- Goldblatt, Joe Jeff (Hrsg.): The International Dictionary of Event Management. Over 3500 Administration, Coordination, Marketing and Risk Management Terms from Around the World
- Haase, Frank / Mäcken, Walter: Handbuch Event-Management. München 2005
- Holzbauer, Ulrich D. u.a.: Eventmanagement. Berlin 2005
- Inden, Thomas: Alles Event? Erfolgreich durch Erlebnismarketing. Landsberg/Lech 1993 (Erhältlich als netbook über www.getthepoint.de)
- Kinnebrock, Wolfgang: Integriertes Event-Marketing. Vom Marketing-Erleben zum Erlebnismarketing. Wiesbaden 2003
- Nickel, Oliver (Hrsg.): Eventmarketing. Grundlagen und Erfolgsbeispiele. München 2007
- Müller, Günter / Funke, Elmar: Handbuch zum Eventrecht. Mit Fallbeispielen, Übersichten, Formularen und Mustertexten. Köln 2009
- Opaschowski, Horst W.: Kathedralen des 21. Jahrhunderts. Erlebniswelten im Zeitalter der Eventkultur. Hamburg 2000
- Viecenz, Thomas: Marketing mit Firmenjubiläen, Angewandtes Event-Marketing zur Belebung der Unternehmenskommunikation. Aachen 1996

Marketing

- Kotler, Philip / Armstrong, Gary / Saunders, John: Grundlagen des Marketing. 5. aktualisierte Auflage, München 2010
- Meffert, Heribert: Marketing: Grundlagen marktorientierter Unternehmensführung. Konzepte, Instrumente, Praxisbeispiele. Mit neuer Fallstudio VW Golf. 11., überarb. u. erw. Aufl. Wiesbaden 2011
- Meffert, Heribert: Lexikon der aktuellen Marketing-Begriffe. Frankfurt a. M. 1999
- Weinberg, Peter: Erlebnismarketing. München 1992

Werbewirtschaft

- Pflaum, Dieter / Bäuerle, Ferdinand (Hrsg.): Lexikon der Werbung. 7. überarbeitete und aktualisierte Auflage, Landsberg am Lech 2001

Kreativität

- Mencke, Marco: Kreativitätstechniken. Berlin 2012
- Csikszentmihalyi, Mihaly: Kreativität. Wie Sie das Unmögliche schaffen und Ihre Grenzen überwinden. Stuttgart 2010.
- Svantesson, Ingemar: Mind Mapping und Gedächtnistraining. Offenbach 1996
- Rehm, Siegfried: Gruppenarbeit, Ideenfindung im Team. Frankfurt a. M. 1999

Inszenierung

- Eckert, Nora: Das Bühnenbild im 20. Jahrhundert. Berlin 2006
- Keller, Max: Faszination Licht. Licht auf der Bühne. München 2010
- Thiel, Erika: Geschichte des Kostüms. Die europäische Mode von den Anfängen bis

zur Gegenwart. 8., erg. u. akt. Auflage, Berlin 2010
- Trilse-Finkelstein / Jochanan Ch. / Hammer, Klaus: Lexikon Theater International. Berlin 1995

Fachzeitschriften

Event-Marketing
- Blach Report: www.blachreport.de
- CIM, Conference & Incentive Management: www.cimunity.com
- Convention International. Das Fachmagazin für Tagungsmanagement: www.convention-international.de
- Event Partner: www.event-partner.de
- Event Partner MM Musik-Media-Verlag: www.musikmedia.de
- Events. Das Meeting & Incentive-Magazin: www.events-magazine.de
- EXPOData Messen und Events: www.expodata.ch
- FVW-International: www.touristik.net
- Incentive Congress Journal, Motivation, Incentives, Meeting & Congress, Seminare, Events, Aktionen & Attraktionen, Golf : www.incentive-journal.de
- m+areport, das Magazin für Messen, Events und Marketing: www.m-averlag.com
- mep Fachzeitschrift für Marketing Events, Messen und Veranstaltungstechnik: www.mep-online.de
- Messe & Event – Europäisches Magazin für die erfolgreiche Präsentation: www.bohmann-verlag.at
- Promotion Business: www.werbeartikel-verlag.de
- Special Events Magazine: www.specialevents.com
- SPONSORs. Magazin für Sponsoring und Sportbusiness: www.sponsors.de
- Tagungswirtschaft – The International Magazine for Metting and Incentive Professionals: www.tw-media.com

Werbung und Marketing
- Absatzwirtschaft: www.absatzwirtschaft.de
- Aquisa – Zeitschrift für Verkauf – Marketing – Motivation: www.aquisa.de
- Horizont: www.horizont.de
- werben & verkaufen: www.wuv.de

Inszenierung
- Theater der Zeit: www.theaterderzeit.de

Künstler
- Künstler Magazin: www.gedu.com
- showcases – das memo-media-Magazin: www.showcases.de
- Trottoir. Kleinkunst, Kabarett, Varieté, Gala, Marketing-Veranstaltungen: www.trottoir-magazin.de/

Technik
- PMA Production Management: www.p-m-a.de
- Production Partner. Professionelle Studio- und Bühnentechnik: www.production-partner.de

Nützliche Adressen

Verbände
- ADC Art Directors Club: www.adc.de
- BDV – Bundesverband der Veranstaltungswirtschaft e.V.: www.bdv-online.com (Deutschland)
- Deutscher Kommunikationsverband. Berufsverband der Wirtschafts- und Gesellschaftskommunikation: www.kommunikationsverband.de
- DPRG – Deutsche Public Relations Gesellschaft: www.dprg.de
- Event Marketing Board Austria: www.emba.co.at (Österreich)
- Forum Marketing – Eventagenturen im FAMAB e.V.: www.famab.de (Deutschland)

- IDKV – Bundesverband der Veranstaltungswirtschaft e.V.: www.bdv-online.com (Deutschland)
- ISES – International Special Events Society: www.ises.com (international)
- Meeting Professionals International.: www.mpiweb.org (international)
- Swiss Expo and Event Makers: www.expo-event.ch (Schweiz)

Event-Messen

- Best of Events Dortmund: www.boe-messe.de (D, A, CH)
- Best of Events Austria: www.boe-messe.at (D, A, CH)
- EIBTM, Barcelona: www.eibtm.ch (International)
- IMEX – The Worldwide Exhibition for Incentive Travel & Meetings & Events: www.imex-frankfurt.de
- IT&CMA Incentives, Travel & Conventions Meeting Asia: www.itcma.com.sg (Asien-Pazifik)
- The Special Events: www.ises.com (USA und International)
- World Travel Market, London: www.wtmlondon.com (International)

Weltweite weitere Messen

- Reed Travel Exhibitions: www.reedexpo.com
- Suisse emex, Zürich: www.suisse-emex.ch

Eventportale im Internet

- www.event-shop.de
- www.eventmanager.de

Künstler

- Kulturbörse Freiburg. Internationale Messe für Bühnenproduktionen: www.kulturboerse-freiburg.de
- Shortcuts Lübeck: www.muk.de
- Show & Event und Künstlerkatalog: www.gedu.com
- Der Künstler-KAY, KAY Publishing GmbH: www.kay-verlag.de
- kd-Künstlerdienste der Bundesagentur für Arbeit: www.arbeitsagentur.de
- ZBF-Zentrale Bühnen-, Fernseh- und Filmvermittlung der Bundesagentur für Arbeit: www.arbeitsagentur.de

Technikverband

- DTHG Deutsche theatertechnische Gesellschaft: www.dthg.de

Technikmessen

- ProLight & Sound Frankfurt: http://pls.messefrankfurt.com
- SHOWTECH, Berlin: www.showtech.de

Messe

- EuroShop, Düsseldorf: www.euroshop.de

Destinationen

- Austrian Convention Bureau: www.acb.at
- German Convention Bureau: www.gcb.de
- Schweizer Fremdenverkehrsamt: www.myswitzerland.com

Vorschriften

- Unfallverhütungsvorschriften BGV C 1 (bisher VBG 70): www.vbg.de
- Versammlungsstättenverordnung (Deutschland): www.veranstaltungstechniker.de/Versammlungsstaetten-Verordnungen.html
- Veranstaltungsgesetze (Österreich): www.ris.bka.gv.at

Urheberrecht/Verwertungsrechte

- AKM Autoren, Komponisten, Musikverleger Gen.mbH (Österreich): www.akm.co.at
- GEMA Gesellschaft für musikalische Aufführungs- und mechanische Vervielfältigungsrechte (Deutschland): www.gema.de
- SUISA (Schweiz): www.suisa.ch

Quellenhinweis zu Seite 140

Zusammenstellung der Scheinwerfergruppe und © des Fotos: PRG AG, www.prg.com

Abgebildet sind in der oberen Reihe Profil ETC Source IV / MAC Viper Profile, Martin / Sharpy Beam, Clay Paky / Mythos Spot, Clay Paky / Stufe 1 kW, Arri Studio 2000, PO und in der unteren Reihe Strobe Q7, RGBW, SGM / TourLED 21 CM MKII, Expolite / Impression X4 L, GLP / LED PAR Rush PAR2 ZOOM, Martin / P-5 Wash Light, RGBW; SGM